● 工学のための数学 ●
EKM-8

工学のための
フーリエ解析

山下幸彦・田中聡久・鷲沢嘉一 共著

数理工学社

編者のことば

　科学技術が進歩するに従って，各分野で用いられる数学は多岐にわたり，全体像をつかむことが難しくなってきている．また，数学そのものを学ぶ際には，それが実社会でどのように使われているかを知る機会が少なく，なかなか学習意欲を最後まで持続させることが困難である．このような状況を克服するために企画されたのが本ライブラリである．

　全体は3部構成になっている．第1部は，線形代数・微分積分・データサイエンスという，あらゆる数学の基礎になっている書目群であり，第2部は，フーリエ解析・グラフ理論・最適化理論のような，少し上級に属する書目群である．そして第3部が，本ライブラリの最大の特色である工学の各分野ごとに必要となる数学をまとめたものである．第1部，第2部がいわゆる従来の縦割りの分類であるのに対して，第3部は，数学の世界を応用分野別に横割りにしたものになっている．

　初学者の方々は，まずこの第3部をみていただき，自分の属している分野でどのような数学が，どのように使われているかを知っていただきたい．しかし，「知ること」と「使えること」の間には大きな差がある．ある分野を知ることだけでなく，その分野で自ら仕事をしようとすれば，道具として使えるところまでもっていかなければいけない．そのためには，第3部を念頭に置きながら，第1部と第2部をきちんと読むことが必要となる．

　ある工学の分野を切り開いて行こうとするとき，まず問題を数学的に定式化することから始める．そこでは，問題を，どのような数学を用いて，どのように数学的に表現するかということが重要になってくる．問題の表面的な様相に惑わされることなく，その問題の本質だけを取り出して議論できる道具を見つけることが大切である．そのようなことができるためには，様々な数学を真に自分のものにし，単に計算の道具としてだけでなく，思考の道具として使いこなせるようになっていなければいけない．そうすることにより，ある数学が何故，

工学のある分野で有効に働いているのかという理由がわかるだけでなく，一見別の分野であると思われていた問題が，数学的には全く同じ問題であることがわかり，それぞれの分野が大きく発展していくのである．本ライブラリが，このような目的のために少しでも役立てば，編者として望外の幸せである．

2004 年 2 月

編者　小川英光
藤田隆夫

「工学のための数学」書目一覧	
第 1 部	**第 3 部**
1　工学のための　線形代数	A–1　電気・電子工学のための数学
2　工学のための　微分積分	A–2　情報工学のための数学
3　工学のための　データサイエンス入門	A–3　機械工学のための数学
4　工学のための　関数論	A–4　化学工学のための数学
5　工学のための　微分方程式	A–5　建築計画・都市計画の数学
6　工学のための　関数解析	A–6　経営工学のための数学
第 2 部	
7　工学のための　ベクトル解析	
8　工学のための　フーリエ解析	
9　工学のための　ラプラス変換・z 変換	
10　工学のための　代数系と符号理論	
11　工学のための　グラフ理論	
12　工学のための　離散数学	
13　工学のための　最適化手法入門	
14　工学のための　数値計算	

(A: Advanced)

まえがき

　三角関数によって表される正弦波は，微分しても大きさや位置は変化するが，周波数は変わらず，基本的には同じ正弦波のままという非常に特異な性質を持っている．また，正弦波を積分しても，積分定数を無視すればやはり同じ周波数の正弦波である．さらに，オイラーの定理を使って正弦波を複素指数関数で表せば，微分しても複素数がかかるだけである．これは，正弦波が微分の固有関数になっているからである．従って，多数の微分の線形和で表されているシステムに対して正弦波を入力しても，振幅や位相だけが変化した同じ周波数の正弦波が得られることになる．このことは，解析学的関係を代数学的関係に，または微分方程式の問題を代数方程式の問題に変換することが可能であることを意味し，様々な問題を解くことが容易になる．

　しかしながら，一般の信号や関数は正弦波ではない．いま，扱うシステムが線形なものであるとしよう．すなわち，2つの関数の和に対する出力が，それぞれの関数の出力の和になっているものである．このとき，一般の信号を様々な周波数の正弦波の線形和に分解して表現できれば，それぞれの正弦波に対して問題を解き，その結果を総合して，一般の信号に対する結果を得ることができる．この一般の信号から正弦波の和に分解することが，フーリエ解析である．フーリエは，熱伝導方程式を解くために，フーリエ解析の一手法であるフーリエ級数展開をはじめて導入した．熱伝導方程式は正弦波については簡単に解けるため，一般の初期温度分布に関しても，フーリエ解析によって正弦波に分解して，容易に解けるようになった．

　フーリエ解析は，振動・波動の解析，電気・電子回路の解析，不安定性の解析，確率統計理論，量子力学などでその威力を発揮している．さらに，波及効果（Ripple effect）として，直接観測で得られる関数ではなく，それをフーリエ解析した結果で，時間軸上ではなく周波数軸上で現象を考察した方が，より

容易に，より深く現象が理解できるようになり，フーリエ解析，周波数軸上で考える能力は，工学を学ぶものにとって必須のものとなっている．

フーリエ解析においては，一般の時間のように実数変数の上で定義された関数（連続時間上の関数）と，計算機の配列のように整数変数上で定義された関数（離散時間上の関数）に分けて議論する．有限区間の連続時間上の関数を扱うものを「フーリエ級数展開」，無限区間で扱うものを「フーリエ変換」と呼ぶ．同様に，有限区間の離散時間上の関数を扱うものを「離散フーリエ変換」，無限区間で扱うものを「離散時間フーリエ変換」と呼ぶ．少し紛らわしいが混同しないように注意してほしい．本書ではこれら4種類のフーリエ解析の方法について解説する．しかしながら，フーリエ変換や離散時間フーリエ変換には，定数関数や正弦波を厳密には扱えないという欠点がある．正弦波で分解するのに正弦波が扱えないというのは少し奇妙であるが，これは正弦波の絶対積分または2乗積分が発散してしまうためである．この問題を解決したものが，ラプラス変換と z 変換である．本書ではこの2種類の変換に関しても解説する．

本書を執筆した，田中聡久准教授，鷲沢嘉一准教授は，日本の信号処理研究を引っ張る中堅，若手研究者である．時間的に変化する周波数という概念は，それを定義することさえ難しいが，この問題に多様体や包絡線などを使って解決することを目指して研究を続けている．まさしく，フーリエ解析の進化形を研究している研究者が，この本を執筆している．また，フーリエ解析には古典的な部分も多いため，私（山下幸彦）も基本的な各部の執筆を担当している．

本書の書き方として，あまり天下り的にならず，なるべく基礎から解説するとともに，フーリエ解析を包含する，より広い概念との関連に関しても述べている．さらに，フーリエ解析の応用例に関しても，熱伝導方程式，確率統計，画像の雑音除去，音声・画像符号化など，古典的なものから最新のものまで幅広く載せた．本書が，フーリエ解析の理解の助けになり，より深くフーリエ解析に関連する学問を勉強したいというきっかけになれば幸いである．

2016年8月

著者を代表して　山下 幸彦

目　　次

第1章
準　　備　　　　　　　　　　　　　　　　　　　　　　　　1

- 1.1 三 角 関 数 ·· 2
  - 1.1.1 三角関数の定義 ·· 2
  - 1.1.2 三角関数の性質 ·· 2
  - 1.1.3 三角関数のマクローリン展開 ································ 5
- 1.2 複 素 数 ·· 7
  - 1.2.1 ネイピア数とオイラーの公式 ································ 7
  - 1.2.2 複 素 平 面 ·· 9
- 1.3 直交関数展開 ·· 11
  - 1.3.1 ユークリッド空間 ·· 11
  - 1.3.2 離散フーリエ変換 ·· 13
  - 1.3.3 線形変換と固有値 ·· 13
  - 1.3.4 内 積 空 間 ·· 14
  - 1.3.5 直交関数展開 ·· 16
  - 1.3.6 グラム-シュミットの直交化 ································ 19
  - 1.3.7 パーセヴァルの定理 ·· 19
- 1.4 フーリエ解析の展望 ·· 21
- 1 章 の 問 題 ·· 23

第2章
フーリエ級数　　　　　　　　　　　　　　　　　　　　　　25

- 2.1 フーリエ級数 ·· 26
- 2.2 フーリエ級数の複素表現 ·· 33

2.3 フーリエ級数の性質 ………………………………………… 36
　2.3.1 フーリエ級数の対称性と位相 ……………………… 36
　2.3.2 正規直交開展としてのフーリエ級数 ………………… 36
　2.3.3 パーセヴァルの等式 …………………………………… 38
　2.3.4 不連続点でのギブス現象 …………………………… 39
2.4 フーリエ級数の応用 …………………………………………… 41
　2.4.1 電気回路への応用 ……………………………………… 41
　2.4.2 熱伝導方程式の求解 ………………………………… 42
2 章 の 問 題 ……………………………………………………… 44

第 3 章

フーリエ変換　　　　　　　　　　　　　　　　　　45

3.1 フーリエ変換 ………………………………………………… 46
　3.1.1 面積有限とエネルギー有限関数 …………………… 46
　3.1.2 フーリエ変換 ………………………………………… 47
　3.1.3 畳み込みとフーリエ変換 …………………………… 48
　3.1.4 フーリエ変換の性質 ………………………………… 49
　3.1.5 フーリエ変換の例 …………………………………… 50
　3.1.6 L^2 空間とヒルベルト空間 ……………………… 56
　3.1.7 2次元フーリエ変換 ………………………………… 57
3.2 帯域制限関数 ………………………………………………… 59
　3.2.1 コンパクトサポート ………………………………… 59
　3.2.2 ギ ブ ズ 現 象 ……………………………………… 60
3.3 フーリエ変換の応用 ………………………………………… 62
　3.3.1 自己相関関数 ………………………………………… 62
　3.3.2 システム伝達関数 …………………………………… 65
　3.3.3 熱伝導方程式 ………………………………………… 67
　3.3.4 確率密度関数と特性関数 …………………………… 68
3 章 の 問 題 ……………………………………………………… 70

第 4 章

離散時間フーリエ変換　　　　　　　　　　　　　71

4.1 離散時間フーリエ変換の定義 ……………………………… 72

目次

- 4.2 正規化角周波数 ……………………………………… 76
- 4.3 離散時間フーリエ変換の性質 ……………………………… 78
  - 4.3.1 線形性 ……………………………………… 78
  - 4.3.2 対称性 ……………………………………… 78
  - 4.3.3 時間シフト ……………………………………… 79
  - 4.3.4 周波数シフト（変調） ……………………………… 80
  - 4.3.5 畳み込み ……………………………………… 80
- 4.4 離散時間フーリエ変換の応用 ……………………………… 82
- 4 章の問題 ……………………………………………… 85

第5章

離散フーリエ変換　　　　　　　　　　　　　　　　　　87

- 5.1 離散フーリエ変換の定義 ……………………………… 88
- 5.2 巡回畳み込み公式 ……………………………………… 95
  - 5.2.1 線形システム ……………………………………… 95
  - 5.2.2 巡回畳み込み公式 ……………………………… 95
  - 5.2.3 インパルス応答 ……………………………… 97
- 5.3 高速フーリエ変換 ……………………………………… 99
- 5.4 離散コサイン変換とその応用 ……………………………… 102
  - 5.4.1 ブロック変換 ……………………………………… 104
  - 5.4.2 画像符号化（JPEG） ………………………………… 105
- 5 章の問題 ……………………………………………… 107

第6章

ラプラス変換と z 変換　　　　　　　　　　　　　109

- 6.1 ラプラス変換 ……………………………………… 110
- 6.2 ラプラス変換の性質 ……………………………… 114
- 6.3 ラプラス変換の例 ……………………………………… 116
  - 6.3.1 ディラックのデルタ関数 ……………………… 117
  - 6.3.2 単位ステップ関数 ……………………………… 117
  - 6.3.3 指数関数 ……………………………………… 117
  - 6.3.4 正弦・余弦関数 ……………………………… 117
- 6.4 逆ラプラス変換の計算 ……………………………… 118

目　　次　　ix

- 6.5 システム伝達関数 ……………………………………… 120
  - 6.5.1 安 定 性 ……………………………………… 120
  - 6.5.2 1次遅れシステム ……………………………… 121
  - 6.5.3 2次遅れシステム ……………………………… 123
- 6.6 ラプラス変換の応用 …………………………………… 124
  - 6.6.1 畳み込み積分方程式 …………………………… 124
  - 6.6.2 電 気 回 路 ……………………………………… 124
  - 6.6.3 バターワースフィルタ ………………………… 126
- 6.7 z 変 換 ……………………………………………… 128
  - 6.7.1 z 変換の性質 ………………………………… 129
  - 6.7.2 z 変換の例 …………………………………… 130
- 6.8 z 変換の応用 …………………………………………… 132
  - 6.8.1 差 分 方 程 式 ………………………………… 132
  - 6.8.2 差分方程式の安定性 …………………………… 133
- 6 章 の 問 題 ………………………………………………… 135

第7章
時間周波数解析　　137

- 7.1 短時間フーリエ変換 …………………………………… 138
  - 7.1.1 瞬 時 周 波 数 ………………………………… 138
  - 7.1.2 短時間フーリエ変換 …………………………… 138
  - 7.1.3 窓 関 数 ……………………………………… 140
  - 7.1.4 フーリエ変換における不確定性原理 ………… 143
- 7.2 修正離散コサイン変換 ………………………………… 146
  - 7.2.1 Ｍ Ｐ ３ ……………………………………… 147
- 7.3 ウェーブレット変換 …………………………………… 148
  - 7.3.1 連続ウェーブレット変換 ……………………… 148
  - 7.3.2 離散ウェーブレット変換 ……………………… 149
- 7 章 の 問 題 ………………………………………………… 154

付　　録　　155

- A.1 複素関数の微分とコーシー-リーマンの関係式 ………… 155
- A.2 複素積分とコーシーの積分定理 ………………………… 157

A.3　留　　数 ································· 159
　　　A.4　ローラン展開 ······························· 163

章末問題解答　　　　　　　　　　　　　　　　　　　165

参 考 文 献　　　　　　　　　　　　　　　　　　　175

索　　　引　　　　　　　　　　　　　　　　　　　176

第1章

準 備

　この章ではフーリエ解析を学ぶために必要な項目について，基礎事項から簡潔にまとめる．なるべく天下り的[†1]な導入を避けて，定義から一つ一つ解説する．土台をしっかりと整えておけば後の理解も容易となるはずである．

　複素解析や関数解析を理解すれば，フーリエ解析の多くの話がその特殊な一例に過ぎず，まさに複素解析や関数解析という「釈迦の掌の上」の議論でしかないことに気付くであろう．また逆に，フーリエ解析を工学的，実用上の応用例と捉えることで，抽象的な複素解析や関数解析を深く学ぶ動機となり，理解の一助となるであろう．

[†1] 証明や導出なしに突然に定理や式を与えることを指す．

> 1.1　三角関数
> 1.2　複素数
> 1.3　直交関数展開
> 1.4　フーリエ解析の展望

1.1 三角関数

1.1.1 三角関数の定義

三角関数は，x, y 平面上の原点を中心とする単位円を考え，x 軸の方向から反時計回りを正として角度 θ だけ離れた円周上の点の座標 $(f_x(\theta), f_y(\theta))$ によって定義される（図 1.1）．

$$\cos\theta := f_x(\theta), \qquad \sin\theta := f_y(\theta) \qquad (1.1)$$

$\cos\theta$ は余弦関数またはコサイン関数と呼ばれ，$\sin\theta$ は正弦関数またはサイン関数と呼ばれる．正接関数またはタンジェント関数は

$$\tan\theta := \frac{\sin\theta}{\cos\theta} \qquad (1.2)$$

図 1.1 単位円と三角関数

によって定義される．ここで，角度 θ には 1 周を 360 分割した「度 [°]」，または単位円周の円弧の長さ「ラジアン [rad]」の単位が用いられる．ここで，$1° = \frac{1}{180}\pi$ [rad] の関係がある．以後，断りのない限り，角度の単位はラジアンを用いる．

それぞれの三角関数を図示したものを図 1.2 に示す．角度は $360° = 2\pi$[rad] で 1 周し，元に戻るため，任意の整数 n に対して，

$$\sin(\theta + 2n\pi) = \sin\theta \qquad (1.3)$$
$$\cos(\theta + 2n\pi) = \cos\theta \qquad (1.4)$$

が成立する．

実数上の関数 $x(t)$ が任意の t について $x(-t) = -x(t)$ を満たすとき，$x(t)$ は奇関数であると言い，$x(-t) = x(t)$ を満たすとき，$x(t)$ は偶関数であると言う．$\sin(\theta)$ および $\tan(\theta)$ は奇関数であり，$\cos(\theta)$ は偶関数である．

1.1.2 三角関数の性質

三角関数の性質について，復習しておこう．

(1) 加法定理：

$$\sin(\alpha + \beta) = \cos\alpha\sin\beta + \cos\beta\sin\alpha \qquad (1.5)$$

1.1 三角関数

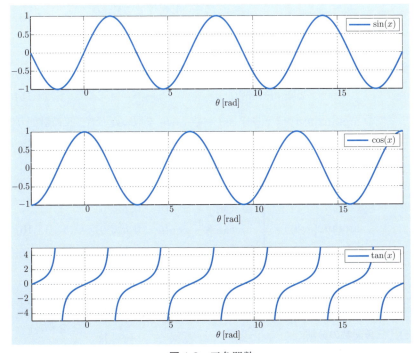

図 1.2 三角関数

$$\cos(\alpha + \beta) = \cos\alpha\cos\beta - \sin\alpha\sin\beta \quad (1.6)$$

(2) 積和の公式：

$$\sin\alpha\sin\beta = -\frac{1}{2}\{\cos(\alpha+\beta) - \cos(\alpha-\beta)\} \quad (1.7)$$

$$\cos\alpha\cos\beta = \frac{1}{2}\{\cos(\alpha+\beta) + \cos(\alpha-\beta)\} \quad (1.8)$$

$$\sin\alpha\cos\beta = \frac{1}{2}\{\sin(\alpha+\beta) + \sin(\alpha-\beta)\} \quad (1.9)$$

(3) 和積の公式：

$$\sin A + \sin B = 2\sin\frac{A+B}{2}\cos\frac{A-B}{2} \quad (1.10)$$

$$\sin A - \sin B = 2\cos\frac{A+B}{2}\sin\frac{A-B}{2} \quad (1.11)$$

$$\cos A + \cos B = 2\cos\frac{A+B}{2}\cos\frac{A-B}{2} \quad (1.12)$$

$$\cos A - \cos B = -2\sin\frac{A+B}{2}\sin\frac{A-B}{2} \qquad (1.13)$$

(4) 三角関数の合成：

$$a\sin\theta + b\cos\theta = \sqrt{a^2+b^2}\sin(\theta+\phi) \qquad (1.14)$$

$$\phi = \arctan2(b, a) \qquad (1.15)$$

関数 $\arctan2(b,a)$ は x, y 平面上に点 (a,b) を取ったとき，反時計回りを正として x 軸から点 (a,b) への角度である（図3.2）[†2]．式で表現すれば，逆正接関数 $\arctan$ の拡張で，

$$\arctan2(a,b) := \begin{cases} \arctan\frac{a}{b} & (b>0) \\ \arctan\frac{a}{b}+\pi & (a\geq 0, b<0) \\ \arctan\frac{a}{b}-\pi & (a<0, b<0) \\ \frac{\pi}{2} & (a>0, b=0) \\ -\frac{\pi}{2} & (a<0, b=0) \end{cases} \qquad (1.16)$$

である．$\arctan$ は値域 $(-\frac{\pi}{2}, \frac{\pi}{2})$ であるが，$\arctan2$ の値域は $(-\pi, \pi]$ である．

(5) 三角関数の分解：

$$r\sin(\Omega t + \phi)$$
$$= a\sin(\Omega t) + b\cos(\Omega t) \qquad (1.17)$$
$$a = r\cos\phi, \quad b = r\sin\phi \qquad (1.18)$$

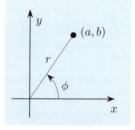

図 1.3 極座標表示

式 (1.17) を t の関数として考えれば，Ω は関数を横方向にスケーリングするパラメータとなる．変数 t を時間 [sec] として次元解析を考えれば，Ωt が角度 [rad] の物理量であるため，Ω は [rad/sec] となり，角周波数あるいは角速度と呼ばれる．角周波数は単位時間あたりに図 1.1 で示されるような角度がどれだけ変化するかを表す．三角関数の分解は「三角関数を θ 軸方向に平行移動させた関数は，同じ角周波数を持つ平行移動していない正弦関数と余弦関数の線形和で表すことができる．」ことを表している．

[†2] 安直な命名であるが，C 言語の libm (math.h) を始めとして，ほとんどのプログラミング言語で `atan2` という関数が用意されている．

(6) 三角関数の微分：

$$\frac{d}{d\theta}\sin\theta = \cos\theta \tag{1.19}$$

$$\frac{d}{d\theta}\cos\theta = -\sin\theta \tag{1.20}$$

$$\frac{d}{d\theta}\tan\theta = \frac{1}{\cos^2\theta} \tag{1.21}$$

1.1.3 三角関数のマクローリン展開

― テイラー展開 ―

定義域 D 上で無限回微分可能な関数 f に対し，

$$T[f(x)] := f(a) + \frac{1}{1!}f^{(1)}(a)(x-a) + \frac{1}{2!}f^{(2)}(a)(x-a)^2 + \cdots$$
$$= \sum_{n=0}^{\infty}\frac{1}{n!}f^{(n)}(a)(x-a)^n \tag{1.22}$$

を (a点周りの) **テイラー展開 (Taylor expansion)** と呼び，特に $a=0$ の場合を**マクローリン展開 (Maclaurin expansion)** と呼ぶ．ここで，$f^{(n)}(a)$ は $f(x)$ の n 階微分関数の $x=a$ における値である．関数 $f(x)$ が D 上でテイラー展開 $T[f(x)]$ と一致するとき，$f(x)$ はテイラー展開可能であるという．

無限回微分可能な関数 $f(x)$ が，$x^0(=1), x^1, x^2, \ldots$ の線形和（べき級数）に展開できるとしよう．

$$f(x) = \sum_{k=0}^{\infty}\alpha_k x^k \tag{1.23}$$

このとき，$f(x)$ の n 階微分を考えると，$f'(x) = \sum_{k=1}k\alpha_k x^{k-1}$, $f''(x) = \sum_{k=2}^{\infty}k(k-1)\alpha_k x^{k-2}$ などとなり，一般的には $f^{(n)}(x) = \sum_{k=n}^{\infty}{}_k\mathrm{P}_n \alpha_k x^{k-n}$ であることがわかる．ここで P は順列の数 ${}_k\mathrm{P}_l = \frac{k!}{(l-k)!}$ を表す．$x=0$ を代入すれば $k=n$ の項以外が 0 となり，係数が $\alpha_n = \frac{1}{n!}f^{(n)}(0)$ で表されることがわかる．式 (1.23) の代わりに x 軸方向に a だけずらしたべき級数

$$f(x) = \sum_{n=0}^{\infty} \alpha_n (x-a)^n \tag{1.24}$$

についても同様に係数が $\alpha_n = \frac{1}{n!} f^{(n)}(a)$ で与えられることがわかる．以上の議論より，テイラー展開を得る．

三角関数の微分公式より以下のマクローリン展開が得られる[†3]．

三角関数のマクローリン展開

$$\sin\theta = \theta - \frac{1}{3!}\theta^3 + \frac{1}{5!}\theta^5 - \dots$$
$$= \sum_{n=1}^{\infty} \frac{(-1)^{n+1}}{(2n-1)!} \theta^{2n-1} \tag{1.25}$$

$$\cos\theta = 1 - \frac{1}{2}\theta^2 + \frac{1}{4!}\theta^4 - \dots$$
$$= \sum_{n=0}^{\infty} \frac{(-1)^n}{(2n)!} \theta^{2n} \tag{1.26}$$

[†3] sin, cos, exp などはテイラー展開可能である．詳しくは微積分や解析学の教科書を参照されたい．

1.2 複素数

1.2.1 ネイピア数とオイラーの公式

> **ネイピア数**
>
> 以下の式で定義される数 e をネイピア数（**Napier's constant**）と呼ぶ．
> $$e := \lim_{n\to\infty}\left(1+\frac{1}{n}\right)^n = \sum_{n=0}^{\infty}\frac{1}{n!} \tag{1.27}$$
> $e \simeq 2.71828$ である．

e を底とする指数関数 e^x は，$\exp(x)$ とも表記される．exp は exponent, exponential の頭文字である．

正数 $a > 0$ のべき乗 $x = a^b$ を考える．このとき正数 $x > 0$ が与えられたときの b を与える関数 $b = \log_a(x)$ を a を底とする対数関数と呼ぶ．特に $a = e$ のとき自然対数関数と呼ぶ．自然対数は $\ln$ と表記する．

> **対数関数の微分**
>
> $$\frac{d}{dx}\log_a(x) = \frac{\log_a e}{x} \tag{1.28}$$
> 特に $a = e$ のとき，$\frac{d}{dx}\ln x = \frac{1}{x}$ である．

対数関数の微分は
$$\frac{d}{dx}\log_a(x) = \lim_{h\to+0}\frac{\log_a(x+h)-\log_a(x)}{h} = \lim_{h\to+0}\frac{1}{h}\log_a\left(1+\frac{h}{x}\right)$$
$$= \frac{1}{x}\lim_{h\to+0}\frac{x}{h}\log_a\left(1+\frac{h}{x}\right) = \frac{1}{x}\lim_{h\to+0}\log_a\left(1+\frac{h}{x}\right)^{\frac{x}{h}}$$
となる．$x > 0$ を固定して，$k = \frac{x}{h}$ とすれば，$h \to +0$ で $k \to +\infty$ となる．さらに $(1+\frac{h}{x})^{\frac{x}{h}} > 0$ ならば $\log_a$ と $\lim_{h\to+0}$ の順番を入れ替えても値は変わらないため，$\frac{d}{dx}\log_a(x) = \frac{1}{x}\log_a\left(\lim_{k\to\infty}(1+\frac{1}{k})^k\right) = \frac{\log_a e}{x}$ が得られる．

対数関数の微分公式を用いると，次に示されるネイピア数の見事な性質が導かれる．

> **ネイピア数を底とする指数関数の微分**
>
> $$\frac{d}{dx}\exp(x) = \exp(x) \tag{1.29}$$

$y = \exp(x)$ の両辺の自然対数を取ると，$\ln y = x$ となり，両辺を x で微分すると，$\frac{d}{dx}\ln y = \frac{dy}{dx}\frac{d}{dy}\ln y = \frac{dy}{dx}\frac{1}{y} = 1$ となり，$y = \frac{dy}{dx}$ が得られる．

指数関数の微分の性質を利用すると，$\exp(x)$ のマクローリン展開は以下のようになる．

> **$\exp(x)$ のマクローリン展開**
>
> $$\exp(x) = 1 + x + \frac{1}{2!}x^2 + \frac{1}{3!}x^3 + \cdots = \sum_{n=0}^{\infty}\frac{x^n}{n!} \tag{1.30}$$

$x = 1$ を代入すれば，式 (1.27) の 2 つ目の等式が得られる．

ネイピア数を底とする指数関数 $\exp(x)$ の微分は $\exp(x)$ となる．この美しい性質から次で述べるオイラーの公式が導かれる．オイラーの公式は，数学，物理学，工学の幅広い分野において極めて重要な役割を果たす．

指数関数 $\exp(x) = e^x$ の変数 x の定義域は，自然数全体 $\mathbb{N}$ から整数全体 $\mathbb{Z}$，有理数全体 $\mathbb{Q}$ そして実数全体 $\mathbb{R}$ へと自然に拡張できる．さらに式 (1.30) のマクローリン展開を定義として，定義域を複素数全体の集合 $\mathbb{C}$ へ拡張しよう[†4]．

> **● コラム ●**
>
> 1 万円の元金に年利 100%の利子が付く場合，1 年後には元金 1 万円に利子の 1 万円が付いて合計 2 万円になる．さて，運用方法を変えて 6 か月で 50%の利子が付く場合を考えよう．複利計算をすると，半年後には 1 万 5 千円を得て 1 年後には $10000 \times 1.5 \times 1.5 = 22500$ 円を得る．ではもっと期間を短くして 3 か月で 25%にするとどうだろうか？ $10000 \times 1.25^4 = 24414.1\cdots$ 円を得る．さらに期間を短くして極限を取って行けば，
>
> $$10000 \times \lim_{n\to\infty}\left(1 + \frac{1}{n}\right)^n = 27182.8\cdots \text{円} \tag{1.31}$$
>
> に収束する．これがネイピア数 e の定義に他ならない．この数の発見は確率論で有名なベルヌーイ（J. Bernoulli）によるものと言われている．記号 e は，後のオイラー（L. Euler）の功績に因んで用いられている．

[†4] 同様に定義域を（複素）正方行列に拡張することができる．

1.2 複素数

オイラーの公式

虚数単位を $j = \sqrt{-1}$ とすると，

$$\exp(j\theta) = \cos\theta + j\sin\theta \tag{1.32}$$

が成り立つ．

式 (1.30) に $x = j\theta$ を代入する．

$$\begin{aligned}\exp(j\theta) &= 1 + j\theta - \frac{1}{2!}\theta^2 - j\frac{1}{3!}\theta^3 + \cdots \\ &= \sum_{n=0}^{\infty} \frac{(-1)^n}{2n!} x^{2n} + j \sum_{n=0}^{\infty} \frac{(-1)^n}{(2n+1)!} x^{2n+1}\end{aligned} \tag{1.33}$$

となり，三角関数のマクローリン展開（式 (1.25)，(1.26)）と比較すると**オイラーの公式**（**Euler's fromula**）が導かれる．一見関係のない三角関数と指数関数が複素数を通じて密接な関係を持っていることがわかる．特に $\theta = \pi$ のとき，$e^{j\pi} + 1 = 0$ は**オイラーの等式**（**Euler's identity**）と呼ばれる．

1.2.2 複素平面

2 次元ベクトル (a, b) は，2 次元平面の 1 点と対応付けることにより可視化することができ，距離や角度などを直観的に理解することができる．複素数 z は，2 つの実数 a, b を使って $z = a + jb$ と分解できる．a を z の実部，b を z の虚部と呼ぶ．$z = a + jb$ に対して，虚部の符号を反転させた複素数を複素共役と呼び，$\bar{z}$ で表す．すなわち，$\bar{z} = a - jb$ である．

2 次元ベクトルと同様に，2 次元平面の 1 点と複素数 z を一対一に対応させることができる．このように複素数を 2 次元平面上の点として捉えるとき，この平面を**複素平面**（**complex plane**）と呼ぶ．通常は，横軸に実部，縦軸に虚部を取る．このため，横軸を実軸，縦軸を虚軸と呼び，それぞれ Re, Im で表記する．また，複素数 z から実部および虚部を取り出す関数をそれぞれ $\mathrm{Re}[z]$，$\mathrm{Im}[z]$ と表記する．$\mathrm{Re}[z] = \frac{z+\bar{z}}{2}$，$\mathrm{Im}[z] = \frac{z-\bar{z}}{2j}$ である．

複素平面上で，原点から複素数 z までの距離を z の**絶対値**（**absolute value**）と呼び，$|z|$ で表す．すなわち，$|z| = \sqrt{a^2 + b^2}$ である．また，複素平面上で原点と z を結ぶ線分と実軸のなす角を**偏角**（**argument**）と呼び，$\arg(z)$ で表す．すなわち，$\arg(z) = \arctan2(a, b)$ である．

ここで，オイラーの公式 (1.32) を思い出すと，$\exp(j\theta) = \cos\theta + j\sin\theta$ は複素平面上では，実軸から角度 θ の単位円上の点であることがわかる．これを $r \geq 0$ 倍することで，$z = r\exp(j\theta)$ 複素平面上任意の点を表現することができる．これは 2 次元平面での極座標表示に対応しており，**極形式（polar form）** と呼ばれる（図1.4）．つまり，複素数 z を表すには，実部 a と虚部 b を定める他に，絶対値 $r \geq 0$ と偏角 $\theta \in (-\pi, \pi]$ を定める方法がある．三角関数の周期性から $n \in \mathbb{Z}$ のとき，$\exp(j(\theta + 2\pi n)) = \exp(j\theta)$ となる．

複素数の和と差を考えてみよう．$z_1, z_2 \in \mathbb{C}$, $a_1, a_2, b_1, b_2 \in \mathbb{R}$ として，$z_1 = a_1 + jb_1$, $z_2 = a_2 + jb_2$ を考えよう．複素数の和と差は，それぞれ $z_1 + z_2 = (a_1 + a_2) + j(b_1 + b_2)$, $z_1 - z_2 = (a_1 - a_2) + j(b_1 - b_2)$ となる．

同様に積と商を複素平面上で考えてみよう．ここでは，極座標で考えた方が簡単である．$z_1 = r_1 \exp(j\theta_1)$, $z_2 = r_2 \exp(j\theta_2)$, ($r_1, r_2 \geq 0$, $\theta_1, \theta_2 \in (-\pi, \pi]$) の積は，

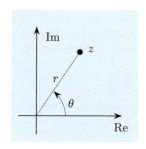

図 1.4 複素平面上の極形式

$$z_1 z_2 = r_1 r_2 \exp(j(\theta_1 + \theta_2)) \quad (1.34)$$

である．すなわち，絶対値は両者の積となり，偏角は両者の和となる．z_1 と z_2 の商は，

$$\frac{z_1}{z_2} = \frac{r_1}{r_2} \exp(j(\theta_1 - \theta_2)) \quad (1.35)$$

である．すなわち，絶対値は両者の商となり，偏角は両者の差となる．複素数のべき乗については同様に考えることで，次の**ド・モアブルの定理（De Moivre's formula）** を導くことができる．

ド・モアブルの定理

$z = r \exp(j\theta)$ に対して，

$$z^n = r^n \exp(jn\theta) \quad (1.36)$$

1.3 直交関数展開

1.3.1 ユークリッド空間

図を描いて直観的に理解できるよう 2 次元ベクトル $\boldsymbol{x} = [x_1, x_2]^\top$ を考えてみよう．$\cdot^\top$ はベクトル・行列の転置を表す．もちろん，ここでの議論は 2 次元ベクトルに限らず，有限次元ベクトルであれば成り立つ．ベクトルは縦に並んだ列ベクトルに統一して考える．これは行列 $\boldsymbol{A}$ との乗算を $\boldsymbol{Ax}$ のように表記できるためである．また，複素数を要素に持つベクトル・行列に対して，共役転置（共役を取ってから転置を取ったもので，エルミート転置とも呼ぶ）を $\cdot^H$ で表す（H はエルミート（S. Hermite）に因む）．実ベクトル $\boldsymbol{x}, \boldsymbol{y}$ に対して，内積は $\boldsymbol{x}^\top \boldsymbol{y}$（複素ベクトルの場合は $\overline{\boldsymbol{x}^H \boldsymbol{y}}$）と表現できる．

どんな実ベクトル $\boldsymbol{x}$ でも，$\boldsymbol{e}_1 = [1, 0]^\top$ と $\boldsymbol{e}_2 = [0, 1]^\top$ の重み付きの和（線形和）で表すことができる（図 1.5(a)）．

$$\boldsymbol{x} = x_1 \boldsymbol{e}_1 + x_2 \boldsymbol{e}_2 = \sum_{i=1}^{2} x_i \boldsymbol{e}_i \tag{1.37}$$

ここで，$\boldsymbol{e}_i$ は，i 番目の成分が 1 でそれ以外の成分が 0 のベクトルを表し，**標準基底（standard basis）** または **自然基底（natural basis）** と呼ばれる．

$\boldsymbol{x}$ を表現するためにはこの $\boldsymbol{e}_i$ の線形和に限る必要はない．$\boldsymbol{0}$ でなく，平行でない 2 つのベクトル $\boldsymbol{v}_1, \boldsymbol{v}_2$ の線形和で表すこともできる．2 次元でなく d 次元の場合には線形独立な d 個のベクトルの線形和でどんなベクトルも表すことができる．この d 個のベクトルの組を **基底（basis）** と呼ぶ．

さて，標準基底を使って表されている $\boldsymbol{x}$ を別の基底 $\boldsymbol{a}_1, \boldsymbol{a}_2$ で表現してみよう（図 1.5(b)）．$\boldsymbol{a}_1, \boldsymbol{a}_2$ が線形独立であれば，これを並べた 2×2 行列 $\boldsymbol{A} = [\boldsymbol{a}_1 | \boldsymbol{a}_2]$ は可逆である．$\boldsymbol{a}_1, \boldsymbol{a}_2$ に対する係数をそれぞれ y_1, y_2，$\boldsymbol{y} = [y_1, y_2]^\top$ とすれば，

$$\boldsymbol{x} = y_1 \boldsymbol{a}_1 + y_2 \boldsymbol{a}_2 = \boldsymbol{A} \boldsymbol{y} \tag{1.38}$$

より，係数は，$\boldsymbol{y} = \boldsymbol{A}^{-1} \boldsymbol{x}$ で与えられる．逆に考えれば，可逆な行列 $\boldsymbol{B}$ とベクトル $\boldsymbol{x}$ の積 $\boldsymbol{y} = \boldsymbol{B} \boldsymbol{x}$ は，$\boldsymbol{B}^{-1}$ の各列を基底として $\boldsymbol{x}$ を表現したときの係数が $\boldsymbol{y}$ で与えられることを表す．

ここで，$\boldsymbol{a}_1$ と $\boldsymbol{a}_2$ が直交している場合を考えてみよう．直交するとは内積が 0 となることである（$\boldsymbol{a}_1^\top \boldsymbol{a}_2 = 0$）．式 (1.38) と $\boldsymbol{a}_1, \boldsymbol{a}_2$ の内積を取れば，

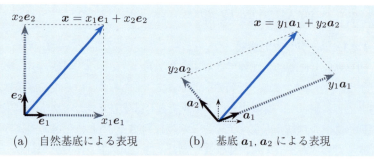

図 1.5 ベクトルの表現

$$a_i^\top x = y_i \|a_i\|_2^2 \quad (i=1,2) \tag{1.39}$$

が得られ，$y_i = \frac{a_i^\top x}{\|a_i\|_2^2}$ と係数が求められる．ここで $\|\cdot\|_2$ は l_2 ノルム ($\|a\|_2 = \sqrt{a^H a}$) を表す．先ほどの逆行列 A^{-1} をかける場合に比べて計算を簡潔に行うことができる．特に次元が大きいときに効果的に計算量を削減できる．このような性質を持つ基底を**直交基底**（orthogonal basis）と呼ぶ．さらに，直交基底に $\|a_1\|_2^2 = \|a_2\|_2^2 = 1$ となる制約を課せば，$y_i = a_i^\top x$ を計算するだけで新たな係数を求めることができる．すなわち，

$$x = (a_1^\top x)a_1 + (a_2^\top x)a_2 = \sum_{i=1}^{2}(a_i^\top x)a_i \tag{1.40}$$

と表現できる．この制約を持つ基底は，正規化（ノルムが 1）されているため，**正規直交基底**（OrthoNormal Basis; ONB）と呼ばれる．

次に正規直交基底を並べた行列 A を考えてみよう．

直交行列とユニタリ行列

$n \times n$ 行列 A について以下の性質は等価であり，この性質を満たす行列を**直交行列**（orthogonal matrix）と呼ぶ．
(1) A の各列は，正規直交基底をなす．
(2) A の各行は，正規直交基底をなす．
(3) $A^{-1} = A^\top$
(4) 任意の $f \in \mathbb{R}^n$ に対して，$\|Af\|_2 = \|f\|_2$ を満たす．
複素行列について同様の性質（$A^H = A^{-1}$）を満たすものを**ユニタリ行列**（unitary matrix）と呼ぶ．

1.3.2 離散フーリエ変換

以下に示す N 次元空間の正規直交基底を考えてみよう.

$$\phi_i = \frac{1}{\sqrt{N}} \begin{bmatrix} \exp(j2\pi\frac{0 \cdot i}{N}) \\ \exp(j2\pi\frac{1 \cdot i}{N}) \\ \vdots \\ \exp(j2\pi\frac{(N-1) \cdot i}{N}) \end{bmatrix} \quad (i = 0, \ldots, N-1) \quad (1.41)$$

基底 $\phi_0, \ldots, \phi_{N-1}$ は正規直交基底となる(章末問題)ため,変換係数を求めるためには,

$$\boldsymbol{F} = [\phi_0 | \ldots | \phi_{N-1}] \quad (1.42)$$

という行列を考え,ベクトル $\boldsymbol{x}$ に対して,$\boldsymbol{c} = \boldsymbol{F}^H \boldsymbol{x}$ を計算すればよい.

このベクトル $\boldsymbol{x}$ から変換係数 $\boldsymbol{c}$ を求める操作を**離散フーリエ変換(discrete Fourier transform)** と呼び,ベクトル(信号)$\boldsymbol{x}$ の性質を知るために役立つ.実際に離散フーリエ変換を計算するときには行列演算よりも高速なアルゴリズムを用いる.詳しくは第5章で詳細に解説するが,ここでは,離散フーリエ変換は有限次元の直交変換の1つであるということを理解されたい.

1.3.3 線形変換と固有値

n 次正方行列 $\boldsymbol{A}$ に対して,

$$\boldsymbol{A}\phi = \lambda\phi \quad (\phi \neq \boldsymbol{0}) \quad (1.43)$$

が成り立つような λ, ϕ をそれぞれ**固有値(eigenvalue)**,(右)**固有ベクトル(eigenvector)** と呼ぶ.固有値は**固有方程式(characteristic equation)** $\det(\boldsymbol{A} - \lambda\boldsymbol{I}) = 0$ の解であり,重解を含めて n 個の複素解を持つ.

行列 $\boldsymbol{A}$ について,n 個の固有値および固有ベクトルが $\lambda_1, \ldots, \lambda_n$ と $\phi_1, \ldots, \phi_n$ で与えられているとする.このとき,ベクトル $\boldsymbol{x}$ が ϕ_i $(i = 1, \ldots, n)$ の線形結合で

$$\boldsymbol{x} = \sum_{i=1}^{n} \beta_i \phi_i \quad (1.44)$$

と表現できたとすると,

$$\boldsymbol{A}\boldsymbol{x} = \sum_{i=1}^{n} \beta_i \boldsymbol{A}\boldsymbol{\phi}_i = \sum_{i=1}^{n} \beta_i \lambda_i \boldsymbol{\phi}_i \tag{1.45}$$

のように展開できる．つまり線形変換 $\boldsymbol{A}$ の固有値，固有ベクトルを知れば，固有ベクトルの線形結合で与えられる入力 $\boldsymbol{x}$ に対する変換を簡単に求めることができる．

3.3.2 項で扱う線形時不変なシステムは，単一正弦波が固有ベクトルとなっている．すなわち，システムに単一正弦波 $\boldsymbol{\phi}$ を入力したとき，出力はその正弦波の複素定数倍 $\lambda\boldsymbol{\phi}$（振幅が定数倍，位相ずれが一定量となる）となり，その倍率 λ はシステムの伝達関数（インパルス応答のフーリエ変換）で与えられる．システムの線形性より，任意の単一正弦波の重ね合わせ $\boldsymbol{x} = \sum_{i=1}^{n} \beta_i \boldsymbol{\phi}_i$ を入力としたときには，それぞれの単一正弦波に対する出力 $\lambda_i \boldsymbol{\phi}_i$ の重ね合わせ $\sum_{i=1}^{n} \beta_i \lambda_i \boldsymbol{\phi}_i$ によって出力を計算することができる．

1.3.4 内積空間

前項までは，2 次元ベクトルを使って基底表現や直交，ユニタリなどの性質について論じた．2 次元ベクトルであれば図示することで直観的にこれらの概念を理解することができたであろう．

次に，有限次元のベクトルではなく，一般の線形空間，特に関数について同様の概念を示す．d 次元ベクトルの集合である $\mathbb{R}^d$ や $\mathbb{C}^d$ について内積やノルム（距離）が定義されたが，関数の集合についても同様に内積やノルムが定義できる場合がある．これらの関数についての内積やノルムといった概念は，有限次元ベクトルの概念の拡張であり，2 次元ベクトルで図示したような直観的な理解がそのまま関数についても適用できる．このような関数空間についての距離，ノルム，線形変換，内積などは，関数解析と呼ばれる数学の学問分野で論じられる．

有限次元で考えてきた内積とノルムの概念のエッセンスのみを取り出し，抽象化し，一般の線形空間に当てはめて考えてみよう[†5]．

[†5] 公理とは議論の前提となる仮定を指す．公理を前提として定理や性質を明らかにすれば，この公理を満たすどのような空間やノルム，内積においても同様の定理，性質が満たされる．つまり，有限次元において直観的に理解できた事柄が無限点列の空間や関数の空間においても同様に用いることができる．もちろん，有限次元実ベクトル空間で成り立つことが他の空間において成立しないこともある．そのような性質はこれらの公理からは導くことはできない．

1.3 直交関数展開

> **ノルムの公理**
>
> 係数体 K 上の線形空間 X について,以下の性質を満たす関数を**ノルム** (**norm**) と呼び,$\|\cdot\|$ で表す.
> (1) 任意の $x \in X$ について $\|x\| \geq 0$ かつ $\|x\| = 0 \iff x = 0$.
> (2) 任意の $x, y \in X$ について三角不等式 $\|x + y\| \leq \|x\| + \|y\|$ が成立する.
> (3) 任意の $x \in X$ と $\alpha \in K$ について $\|\alpha x\| = |\alpha|\|x\|$.

ここで,係数体 K とは体の公理を満たす(四則演算が自然に定義できる)集合である.具体的には実数体 $\mathbb{R}$ や複素数体 $\mathbb{C}$ を考えればよい.

> **内積の公理**
>
> 係数体 K 上の線形空間 X について,以下の性質を満たす 2 変数の関数を**内積**(**inner product**)と呼び,$\langle \cdot, \cdot \rangle$ で表す.
> (1) 任意の $x, y \in X$ について $\langle x, y \rangle = \overline{\langle y, x \rangle}$.
> (2) 任意の $x \in X$ について $\langle x, x \rangle$ は実数で $\langle x, x \rangle \geq 0$.$\langle x, x \rangle = 0 \iff x = 0$.
> (3) 任意の $x, y, z \in X$ と $\alpha, \beta \in K$ について $\langle \alpha x + \beta y, z \rangle = \alpha \langle x, z \rangle + \beta \langle y, z \rangle$.

内積が定義されたとき,任意の $x \in X$ について $\|x\| = \sqrt{\langle x, x \rangle}$ はノルムの公理を満たす.このようなノルムを「内積から導出されるノルム」と呼び,内積から導出されるノルムを持つ空間を**内積空間**(計量ベクトル空間,プレヒルベルト空間,前ヒルベルト空間)と呼ぶ.有限次元実ベクトル空間で定義された $\boldsymbol{x}^\top \boldsymbol{y}$ は,内積の 1 つである.

> **コーシー-シュワルツの不等式**
>
> 内積空間 X において,任意の $x, y \in X$ について
> $$|\langle x, y \rangle| \leq \|x\|\|y\| \tag{1.46}$$
> が成り立つ.等号が成立するための必要十分条件は,$x = \alpha y$ となるスカラー α が存在するまたは $y = 0$ となることである.

閉区間 $[a,b]$ 上に定義された関数の集合に，通常の意味での加法とスカラー積[†6]が定義された連続関数の集合 X を考えてみよう．以下の式で，X 上のノルムと内積を定義する[†7]．

関数空間の内積とノルム

$[a,b]$ 上に定義された関数 f, g について内積とノルムを以下のように定義する．
- 内積：$\langle f, g \rangle = \int_a^b f(x)\overline{g(x)}dx$
- ノルム：$\|f\|^2 = \int_a^b |f(x)|^2 dx$

ここでのノルムは内積から導出されたノルムである．

1.3.5 直交関数展開

内積空間 X において，関数 $x, y \in X$ の内積が 0 となる（$\langle x, y \rangle = 0$）とき，x と y は直交するといい，関数系 $\phi_1, \phi_2, \ldots, \phi_n$ が互いに直交する（$i \neq j$ のとき $\langle \phi_i, \phi_j \rangle = 0$）とき，$\phi_1, \phi_2, \ldots, \phi_n$ は直交系であるという[†8]．これらの概念は有限次元ベクトルの場合を自然に拡張して考えることができる．

X のある関数 x が直交系 $\phi_1, \phi_2, \ldots, \phi_n$ の線形結合で表されているとき，すなわち

$$x(t) = c_1 \phi_1(t) + \cdots + c_n \phi_n(t) = \sum_{i=1}^n c_i \phi_i(t) \tag{1.47}$$

であるとき，$x(t)$ から係数 c_i を求めてみよう[†9]．x と ϕ_j の内積を考えれば，

$$\langle x, \phi_j \rangle = \sum_{i=1}^n c_i \langle \phi_i, \phi_j \rangle = c_i \|\phi_j\|^2 \tag{1.48}$$

[†6] 例えば，関数 f, g に対して，加法は $h = f + g$ のとき，$h(t) = f(t) + g(t)$，スカラー積は $h = \alpha f$ のとき（α は実数や複素数），$h(t) = \alpha f(t)$ で定義できる．

[†7] もちろん，これ以外にも内積，ノルムの公理を満たすものはある．

[†8] 「基底」はすべての空間を張るときに用いる．「系」はすべての空間を張らない場合も含む．

[†9] 関数の変数には x がよく用いられる（$f(x)$ など）が，本書では時間関数を念頭におくことを考え，t を用いる．もちろん本質的な議論には影響しない．

となり，$c_i = \frac{\langle x, \phi_j \rangle}{\|\phi_j\|^2}$ が得られる．これはまさに，式 (1.39) と同じである．有限次元の場合と同様に $\|\phi_i\| = 1$ $(i = 1, \ldots, n)$ となる場合には $\phi_1, \ldots, \phi_n$ は，**正規直交系**（**orthonormal system**）と呼ばれる．

有限の n 次元空間の場合にはどのようなベクトルでも n 個の基底があれば表現することができた．しかし，関数の場合には常に有限個の関数の線形和で表現できるとは限らない．そこで，関数 $x \in X$ を有限あるいは可算無限個の直交系で近似する問題を考えよう[†10]．

$$\tilde{x}(t) = \sum_{i=1}^{n} c_i \phi_i \tag{1.49}$$

ここで，n は有限でも無限大でもよい．2 乗誤差 J をノルムを使って表現すると

$$J = \|x - \tilde{x}\|^2 = \|x\|^2 + \|\tilde{x}\|^2 - \langle x, \tilde{x} \rangle - \langle \tilde{x}, x \rangle \tag{1.50}$$

$$= \|x\|^2 + \sum_{i,j} c_i \overline{c_j} \langle \phi_i, \phi_j \rangle - \sum_{i=1}^{n} \overline{c_i} \langle x, \phi_i \rangle - \sum_{i=1}^{n} c_i \langle \phi_i, x \rangle \tag{1.51}$$

$$= \|x\|^2 + \sum_{i} |c_i|^2 \|\phi_i\|^2 - 2\text{Re}[\sum_{i=1}^{n} c_i \langle \phi_i, x \rangle] \tag{1.52}$$

となる．J は各 c_i について下に凸の 2 次関数であるため微分が 0 となるような c_i が最小値を与える．c_i の実部，虚部について計算すれば，$\frac{\partial J}{\partial \text{Re}[c_i]} = 2\text{Re}[c_i]\|\phi_i\|^2 - 2\text{Re}[\langle \phi_i, x \rangle]$, $\frac{\partial J}{\partial \text{Im}[c_i]} = 2\text{Im}[c_i]\|\phi_i\|^2 + 2\text{Im}[\langle \phi_i, x \rangle]$ となり，

$$c_i = \frac{\langle x, \phi_i \rangle}{\|\phi_i\|^2} \tag{1.53}$$

が得られ，式 (1.48) と同一の結果が得られる．

$n \to \infty$ となる場合，$\phi_1, \ldots, \phi_n \in X$ であっても $\tilde{x} = \sum_{i=1}^{\infty} c_i \phi_i$ が X の元に収束するとは限らない．収束先が常に X の元となるためには，X が**完備性**（**completeness**）という性質を持っている必要がある．詳細な議論は行わないが，区間 $[a, b]$ 上の連続関数の集合は完備ではない．完備な関数空間としてル

[†10] 自然数と一対一の対応関係がある無限を可算無限と呼び，実数の無限を不可算無限と呼ぶ．自然数，整数，有理数の全体集合 N, Z, Q は可算無限であり，（区間 $[a,b]$ の）実数の集合は不可算無限である．可算無限と有限をあわせて「高々可算無限」という．可算無限と不可算無限の中間が存在しないという仮説は連続体仮説と呼ばれ，これは証明も反証もすることができないことが示されている．

ベーグ積分が有界 ($\int_a^b |x(t)|^p dt < \infty, 1 \leq p < \infty$) である関数の集合 $L^p[a,b]$ がよく用いられる．$x \in L^p[a,b]$ のノルムを $\|x\|_p$ で表す．完備な内積空間のことを**ヒルベルト空間**（**Hilbert space**）と呼ぶ．

さて，具体的にはどのような関数が直交系をなすのであろうか．知られているいくつかの直交関数系を示す．

ルジャンドル多項式（Legendre polynomial）

$$x_n(t) = \frac{1}{2^n n!} \frac{d^n}{dt^n} (t^2 - 1)^n \qquad (n = 0, 1, 2, \ldots) \tag{1.54}$$

は区間 $[-1, 1]$ で直交関数系をなす．

三角関数系

$$x_0(t) = \frac{1}{\sqrt{2}} \tag{1.55}$$

$$x_n(t) = \begin{cases} \cos\left(\frac{n+1}{2}\pi t\right) & (n \geq 1 \text{ は奇数}) \\ \sin\left(\frac{n}{2}\pi t\right) & (n \geq 2 \text{ は偶数}) \end{cases} \tag{1.56}$$

は区間 $[-1, 1]$ で直交関数系をなす．

この三角関数系による展開が第 2 章で扱う**フーリエ級数展開**（**Fourier series expansion**）である．また，逆離散時間フーリエ変換や第 3 章で扱う帯域制限のある信号の逆フーリエ変換も三角関数系による展開と等価である．

エルミート多項式（Hermite polynomial）

$$x_n(t) = (-1)^n \exp(t^2) \frac{d^n}{dt^n} \exp(-t^2) \tag{1.57}$$

$n = 0, 1, 2, \ldots$ は，内積 $\langle x, y \rangle = \int_{-\infty}^{\infty} \exp(-\frac{t^2}{2}) x(t) y(t) dt$ について $[-\infty, +\infty]$ で直交関数系をなす．

1.3.6 グラム-シュミットの直交化

直交でない線形独立な X の関数系 $x_1, x_2, \ldots$ が与えられたとき，グラム-シュミットの直交化（**Gram-Schmidt orthonormalization**）と呼ばれる操作で直交関数系に変形することができる[11]．

グラム-シュミットの直交化

直交でない線形独立なヒルベルト空間 X の関数系 $x_1, x_2, \ldots$ が与えられたとき，以下の操作で生成される $y_1, y_2, \ldots$ は $x_1, x_2, \ldots$ で張られる空間と同じ空間を張る正規直交系となる．

(1) $y_1 = \dfrac{x_1}{\|x_1\|}$

(2) $n = 1, 2, \ldots$ に対して

$$\tilde{y}_{n+1} = x_{n+1} - \sum_{i=1}^{n} \langle x_{n+1}, y_i \rangle y_i \tag{1.58}$$

$$y_{n+1} = \dfrac{\tilde{y}_{n+1}}{\|\tilde{y}_{n+1}\|} \tag{1.59}$$

1.3.7 パーセヴァルの定理

X の任意の関数 $x \in X$ が，正規直交関数系 $\phi_1, \ldots, \phi_n \in X$ によって，$x = \sum_{i=1}^{n} c_i \phi_i$ と表現できる場合，あるいは可算無限個の直交関数 $\phi_1, \phi_2, \ldots \in X$ によって，$\lim_{n \to \infty} \|x - \sum_{i=1}^{n} c_i \phi_i\| = 0$ と限りなく近似ができる場合を考える[12]．このとき，正規直交系 $\phi_1, \phi_2, \ldots \in X$ は正規直交基底，あるいは完全正規直交系と呼ばれる．

---

[11] 有限次元のベクトルにおいて数値計算を行う場合には，グラム-シュミットの直交化法は誤差が蓄積されるため使われない．この場合には，一般的な QR 分解のアルゴリズムを使って求める．

[12] 関数解析では X が可分であるという．$L^p[a,b]$ 空間 $(1 \leq p < \infty)$ は可分な空間である．$p = \infty$ となる場合はノルムは $\|x\|_\infty = \sup_{a \leq t \leq b} f(t)$ で定義され，可分ではない空間となる．3.2.2 項で解説するギブズ現象は，$\lim_{n \to \infty} \|x - \sum_{i=1}^{n} c_i \phi_i\|_2 = 0$ となるが，$\lim_{n \to \infty} \|x - \sum_{i=1}^{n} c_i \phi_i\|_\infty = 0$ とならない例である．

パーセヴァルの定理

任意の $x \in X$ に対して，正規直交基底 $\phi_1, \phi_2, \ldots \in X$ は，

$$\|x\|^2 = \sum_{i=1}^{\infty} |\langle x, \phi_i \rangle|^2 \tag{1.60}$$

を満たす．

パーセヴァルの定理は，有限次元の例で示したユニタリ行列の性質（ユニタリ行列 A は任意の x に対して $\|Ax\| = \|x\|$ を満たす）の自然な拡張となっている．

一般化フーリエ級数展開

任意の $x \in X$ は，正規直交基底 $\phi_1, \phi_2, \ldots \in X$ を用いて

$$x = \sum_{i=1}^{\infty} \langle x, \phi_i \rangle \phi_i \tag{1.61}$$

と一意に表現できる．

この一般化フーリエ級数展開は，有限次元で確認した式 (1.40) そのものである．2次元ベクトルを使って直観的に理解した概念をそのまま適用すれば容易に理解ができるであろう．第2章で扱うフーリエ級数展開は，実はこの一般化フーリエ級数展開の特殊な場合に過ぎない．また逆離散フーリエ変換も一般化フーリエ級数展開の特殊な場合である．

1.4 フーリエ解析の展望

本書で扱うフーリエ解析は，様々な関数を扱う．実数上の関数 $x(t)$ とは，t を無限に細かく区切っても値が存在するということである．前述の通り，t は時間を念頭においた表記である．この場合には，**連続信号**または**連続時間信号**とも呼ぶ．時間 t を無限に細かくとっても信号の値が決まる関数である．ここで，連続信号は信号が連続関数であることと異なることに注意する[†13]．画像信号で言えば，虫眼鏡や顕微鏡でどれだけ拡大しても色や輝度が存在するということである．

連続信号は，理論上はレコード盤やフィルムカメラの写真などのアナログ記録として保存することができる．しかし，いくらでも細かく区切っても値が存在するため，コンピュータのメモリ上にそのまま格納することはできない．コンピュータ上で信号を表現するには時間を区切って飛び飛びの時間で値をディジタル信号として記録する必要がある．画像信号では画素ごとに色や輝度を保存する．連続信号に対して，このような信号は**離散時間信号**または**離散信号**と呼ばれる．離散時間信号は，さらに有限長の離散時間信号と無限長の離散時間信号に分けられる．コンピュータのメモリ上に格納できるのは有限長の離散時間信号である．数学的には，有限長の離散時間信号は有限次元ベクトルあるいは有限体（ガロア体）上の関数として表現され，無限長の離散時間信号は無限点列あるいは整数上の関数として表現される．実数の集合も整数の集合も無限個の元を持つ無限集合であるが，集合論の**濃度（cardinal number）**という概念を導入すると，実数の濃度（連続体濃度）の方が整数の濃度（可算濃度）よりも大きいことが示される．

本書では，実数上の関数や連続信号は $x(t)$ のように丸括弧を使って表し，整数上の関数，離散時間信号は，$x[n]$ のように角括弧を使って表す．本書で扱うフーリエ解析は，対象となる信号により，以下の 4 種類に分類される．

- **フーリエ級数展開**

有限時間区間 $[0, T]$ で定義された連続信号，または周期的な連続信号を扱う．

[†13] 連続関数とは，関数上の任意の点で極限値が存在し，極限値と関数値が一致する関数である．

- **フーリエ変換**

  時間区間 $(-\infty, +\infty)$ で定義された連続信号を扱う.

- **離散時間フーリエ変換**

  無限点数の離散時間信号 (無限点列) を扱う.

- **離散フーリエ変換**

  有限点数の離散時間信号（有限次元ベクトル）または，周期的な離散時間信号を扱う.

フーリエ級数展開または離散フーリエ変換で現れる「周期的信号」は，その1周期のみを取り出せば，時間区間 $[0, T]$ で定義された信号や有限点数の離散時間信号となるため，これらは同一視して考えることができる．これら4つのフーリエ変換の関係を図 1.6 に示す.

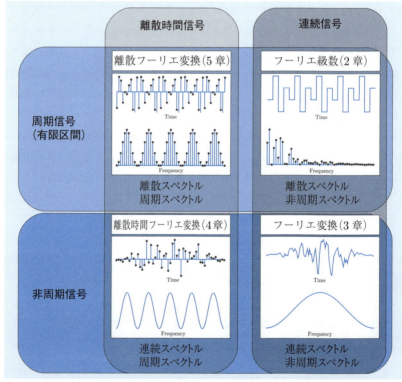

図 1.6　フーリエ解析：図中の上段信号は時間信号，下段は変換係数を表す

1 章 の 問 題

☐ **1** マクローリン展開を用いて，
$$\lim_{x \to 0} \frac{\sin x}{x} = 1 \tag{1.62}$$
を示せ．

☐ **2** 12 ページの直交行列とユニタリ行列の性質 (1) から (4) が等価であることを示せ．

☐ **3** 式 (1.41) で定義されるベクトル列 $\phi_0, \ldots, \phi_{N-1}$ が正規直交基底となることを示せ．

☐ **4** 内積から導出されるノルムが，コーシー-シュワルツの不等式を満たすことを示せ．

☐ **5** ルジャンドル多項式（式 (1.54)）が $n = 0, 1, 2, 3$ で直交することを示せ．

☐ **6** 三角関数系（式 (1.56)）が直交することを示せ．また，$f_n(t) = \exp(jnt)$, $n = 0, \pm 1, \pm 2, \ldots$ も正規直交系をなすことを示せ．

☐ **7** グラム-シュミットの直交化において，$m \leq n$ について $\tilde{g}_{n+1}$ と g_m が直交することを示せ．

第2章

フーリエ級数

まず,フーリエ解析の基礎となるフーリエ級数について述べる.フーリエ級数は,周期的な連続信号を,異なる周波数を持つ正弦波の和として表現するものである.周期的な信号とは,

$$x(t+T) = x(t)$$

のような関係を満たす信号であり,このとき信号の周期は T であるという.周期的な信号の代表に,2.1 節の図 2.1 に示す正弦波,矩形波(ディジタル回路のクロックに用いられる),のこぎり波(シンセサイザーに用いられる)などがある.

本章では,まずフーリエ級数の2つの形を与える.その上で,不連続な信号をフーリエ級数する場合に起こる,ギブス現象について述べる.最後に,フーリエ級数の応用例を示す.

2.1 フーリエ級数
2.2 フーリエ級数の複素表現
2.3 フーリエ級数の性質
2.4 フーリエ級数の応用

2.1 フーリエ級数

まず，広く知られている**フーリエ級数**の表現を与える．周期が T の連続な信号 $x(t)$ に対して，フーリエ（J.B.J. Fourier）は次の主張をした．

フーリエ級数

連続信号 $x(t)$ が周期信号でその周期が T であるとき，$x(t)$ は以下のように正弦波の無限級数（無限の和）で表現できる．

$$x(t) = \frac{a_0}{2} + \sum_{k=1}^{\infty} \left\{ a_k \cos\left(\frac{2\pi k}{T} t\right) + b_k \sin\left(\frac{2\pi k}{T} t\right) \right\} \quad (2.1)$$

ここで，$\frac{a_0}{2}$ を直流成分，a_k を余弦フーリエ係数，b_k を正弦フーリエ係数と呼ぶ．また，$\frac{2\pi}{T}$ を基本角周波数，$\frac{1}{T}$ を基本周波数と呼ぶ．

フーリエ級数によって，任意の周期信号（周期関数）が，sin と cos の線形和で表現できることがわかる．この事実は，振動解析や回路理論で大きな役割を果たす．世の中の現実の周期波形は，単一の正弦波では与えられないことが多い．例えば，エアコンや換気扇がウンウンうなる音は，周期的であるが純粋な正弦波ではない．ディジタル回路で重要な役割を担うクロック信号も正弦波ではない．しかしながら，フーリエ級数によって，周期信号 $x(t)$ の与える効果を直接解析する必要はなく，様々な周波数の正弦波が与える効果を解析すればよい．また，フーリエは，$x(t)$ は連続である必要はなく，不連続な信号に対してもこの級数が成り立つと主張した．フーリエのこの主張は数学的に不完全なものであったが，その後この級数が成り立つ条件が明らかにされた．信号 $x(t)$ に不連続性を許容できることは，工学的に大きな意味を持つ．図 2.1 に示したような，矩形波やのこぎり波は不連続点を持つが，フーリエ級数での表現が可能

図 2.1 典型的な周期波形

である.

式 (2.1) の形に分解できる周期信号 $x(t)$ が与えられたとき, a_k と b_k は次のように求めることができる.

― フーリエ係数 ―

$k = 0$ のとき,

$$a_0 = \frac{2}{T} \int_0^T x(t) dt \tag{2.2}$$

$k \neq 0$ のとき,

$$a_k = \frac{2}{T} \int_0^T x(t) \cos\left(\frac{2\pi k}{T} t\right) dt \tag{2.3}$$

$$b_k = \frac{2}{T} \int_0^T x(t) \sin\left(\frac{2\pi k}{T} t\right) dt \tag{2.4}$$

これは次のように導出できる. まず, 式 (2.1) の両辺を積分しよう.

$$\begin{aligned}\int_0^T x(t) dt &= \frac{a_0}{2} \int_0^T dt \\ &+ \sum_{k=1}^\infty \left\{ a_k \int_0^T \cos\left(\frac{2\pi k}{T} t\right) dt + b_k \int_0^T \sin\left(\frac{2\pi k}{T} t\right) dt \right\} \\ &= \frac{a_0}{2} T \end{aligned} \tag{2.5}$$

ここで,

$$\int_0^T \cos\left(\frac{2\pi k}{T} t\right) dt = 0 \tag{2.6}$$

$$\int_0^T \sin\left(\frac{2\pi k}{T} t\right) dt = 0 \tag{2.7}$$

であることを用いている. これより直ちに, 式 (2.2) を得る.

次に, $k \neq 0$ のフーリエ係数について導出するには, 以下に示す**三角関数の直交性**が必要になる.

三角関数の直交性

$$\int_0^{2\pi} \cos k\theta \cos l\theta d\theta = \begin{cases} \pi & (k = l) \\ 0 & (k \neq l) \end{cases} \tag{2.8}$$

$$\int_0^{2\pi} \sin k\theta \sin l\theta d\theta = \begin{cases} \pi & (k = l) \\ 0 & (k \neq l) \end{cases} \tag{2.9}$$

$$\int_0^{2\pi} \cos k\theta \sin l\theta d\theta = 0 \tag{2.10}$$

ここでは，1つ目の式だけ証明しておこう．三角関数の公式

$$\cos\alpha \cos\beta = \frac{1}{2}\{\cos(\alpha+\beta) + \cos(\alpha-\beta)\}$$

を用いながら式変形すれば，

$$\begin{aligned}
\int_0^{2\pi} \cos k\theta \cos l\theta d\theta &= \frac{1}{2}\int_0^{2\pi}\{\cos(k+l)\theta + \cos(k-l)\theta\}d\theta \\
&= \begin{cases} \frac{1}{2}\left[\frac{1}{2k}\sin(k+l)\theta + \theta\right]_0^{2\pi} & (k = l) \\ \frac{1}{2}\left[\frac{1}{n+m}\sin(k+l)\theta + \frac{1}{k-l}\sin(k-l)\theta\right]_0^{2\pi} & (k \neq l) \end{cases} \\
&= \begin{cases} \pi & (k = l) \\ 0 & (k \neq l) \end{cases}
\end{aligned}$$

を得る．

この三角関数の直交性は，変数変換 $\theta = \frac{2\pi}{T}t$ によって，フーリエ級数で使いやすい形に変形できる．このとき，0 から 2π に対応する t の積分範囲は 0 から T になり，式 (2.8) は

$$\int_0^T \cos\left(\frac{2\pi k}{T}t\right)\cos\left(\frac{2\pi l}{T}t\right)dt = \begin{cases} \frac{T}{2} & (k = l) \\ 0 & (k \neq l) \end{cases} \tag{2.11}$$

となる．式 (2.9) と (2.10) についても同様である．

以上の準備の下，まず，式 (2.1) の両辺に $\cos\left(\frac{2\pi l}{T}t\right)$ を乗じて，0 から T まで積分すると，

$$\int_0^T x(t)\cos\left(\frac{2\pi l}{T}t\right)dt = \int_0^T a_0 \cos\left(\frac{2\pi l}{T}t\right)dt$$
$$+ \sum_{k=1}^{\infty} a_k \int_0^T \cos\left(\frac{2\pi k}{T}t\right)\cos\left(\frac{2\pi l}{T}t\right)dt$$
$$+ \sum_{k=1}^{\infty} b_k \int_0^T \sin\left(\frac{2\pi k}{T}t\right)\cos\left(\frac{2\pi l}{T}t\right)dt$$
$$= \frac{T}{2}a_l$$

を得る．なお，上式の1段目で，右辺第1項は積分実行により0となる．右辺第2項は，式 (2.11) から $k = l$ のときだけ値を持って $\frac{T}{2}a_l$ となり，$k \neq l$ のときはすべて0となる．また，第3項はすべての項で0であることは，式 (2.10) からわかる．以上のようにして，フーリエ係数を求める式 (2.3) が求まるのである．式 (2.4) に関しても同様である．

以下では，典型的な周期信号についてフーリエ級数を求めてみよう．

矩形波（クロック信号）

図 2.2 に示す，周期 T の矩形波

$$x(t) = \begin{cases} 1 & (0 \leq t < \frac{T}{2}) \\ 0 & (\frac{T}{2} \leq t < 1) \end{cases}$$

のフーリエ級数について考察しよう．

式 (2.2) より，

$$a_0 = \frac{2}{T}\int_0^T x(t)dt = \frac{2}{T}\int_0^{\frac{T}{2}} dt = \frac{2}{T}\frac{T}{2} = 1 \tag{2.12}$$

を得る．次に，式 (2.3) より，

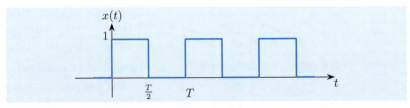

図 2.2　矩形波

$$a_k = \frac{2}{T}\int_0^T x(t)\cos\left(\frac{2\pi k}{T}t\right)dt$$
$$= \frac{2}{T}\int_0^{T/2}\cos\left(\frac{2\pi k}{T}t\right)dt$$
$$= 0 \tag{2.13}$$

を得る．また，式 (2.4) より，

$$b_k = \frac{2}{T}\int_0^T x(t)\sin\left(\frac{2\pi k}{T}t\right)dt$$
$$= \frac{2}{T}\int_0^{T/2}\sin\left(\frac{2\pi k}{T}t\right)dt$$
$$= \frac{2}{T}\left[-\frac{T}{2\pi k}\cos\left(\frac{2\pi k}{T}t\right)\right]_0^{\frac{T}{2}}$$
$$= -\frac{1}{\pi k}[\cos(\pi k) - 1]$$
$$= \frac{1-(-1)^k}{\pi k} \tag{2.14}$$

を得る．以上から，フーリエ級数

$$x(t) = \frac{1}{2} + \sum_{k=1}^{\infty}\frac{1-(-1)^k}{\pi k}\sin\left(\frac{2\pi k}{T}t\right)$$
$$= \frac{1}{2} + \frac{2}{\pi}\sum_{k=1}^{\infty}\frac{1}{2k-1}\sin\left(\frac{2\pi(2k-1)}{T}t\right) \tag{2.15}$$

を得る．最後の式変形は，k が偶数であれば，$1-(-1)^k = 0$ であることを用いて，k を改めて $2k-1$ に置き換えることで得られる．

ところで，このフーリエ級数はどのように収束するのだろうか．その様子を見るために，式 (2.15) を有限の項数で打ち切った関数

$$x_K(t) = \frac{1}{2} + \frac{2}{\pi}\sum_{k=1}^{K}\frac{1}{2k-1}\sin\left(\frac{2\pi(2k-1)}{T}t\right) \tag{2.16}$$

について，波形を観察してみよう．周期 $T=2\pi$ の場合について，項数 K を増やすと矩形波に近づく様子を図 2.3 に示す．ここで注目すべきは，不連続点の周辺で，不自然な振動（リプル）を観測できることである．この現象については改めて，2.3.4 項で述べる．

2.1 フーリエ級数

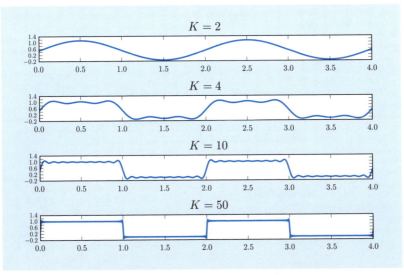

図 2.3 矩形波のフーリエ級数による近似の様子

例題 2.1

図 6.3 に示す信号 $x(t) = |\sin t|$ は，正弦波を**全波整流**した波形と呼ばれる．この波形のフーリエ級数を求めよ．

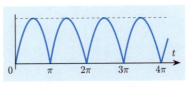

図 2.4 $x(t) = |\sin t|$

【解答】図 6.3 より，$x(t)$ の周期は π である．従って，$T = \pi$ であることに注意すれば，

$$a_0 = \frac{2}{\pi} \int_0^\pi \sin dt = \frac{2}{\pi} \left[-\cos t\right]_0^\pi = \frac{2}{\pi}(1+1) = \frac{4}{\pi} \qquad (2.17)$$

である．さらに，三角関数の公式

$$\sin\alpha \cos\beta = \frac{1}{2}\{\sin(\alpha+\beta) + \sin(\alpha-\beta)\}$$

を用いると，

$$\begin{aligned}
a_k &= \frac{2}{\pi}\int_0^\pi \sin t \cos(2kt)dt \\
&= \frac{1}{\pi}\int_0^\pi \{\sin(2k+1)t - \sin(2k-1)t\}dt \\
&= \frac{1}{\pi}\left[-\frac{1}{2k+1}\cos(2k+1)t + \frac{1}{2k-1}\cos(2k-1)t\right]_0^\pi \\
&= \frac{1}{\pi}\left(\frac{2}{2k+1} - \frac{2}{2k-1}\right) \\
&= -\frac{4}{\pi}\frac{1}{4k^2-1}
\end{aligned}$$

を得る．次に，三角関数の公式

$$\sin\alpha\sin\beta = -\frac{1}{2}\{\cos(\alpha+\beta) - \cos(\alpha-\beta)\}$$

を用いると，

$$\begin{aligned}
b_k &= \frac{2}{\pi}\int_0^\pi \sin t \sin(2kt)dt \\
&= -\frac{1}{\pi}\int_0^\pi \{\cos(2k+1)t - \cos(2k-1)t\}dt \\
&= -\frac{1}{\pi}\left[\frac{1}{2k+1}\sin(2k+1)t - \frac{1}{2k-1}\sin(2k-1)t\right]_0^\pi \\
&= 0
\end{aligned}$$

を得る．従って，フーリエ級数は

$$x(t) = \frac{2}{\pi} - \frac{4}{\pi}\sum_{k=1}^\infty \frac{1}{4k^2-1}\cos(2kt) \tag{2.18}$$

である． □

2.2 フーリエ級数の複素表現

式 (2.1) は直感的にわかりやすい表現であるが，ここで示す**複素正弦波**の表現を用いると，数学的な見通しがよくなる．さらに，次章以降で扱うフーリエ変換や離散時間フーリエ変換との関係がより明確になる．

― フーリエ級数（複素表現）―

信号 $x(t)$ は，複素正弦波を用いて，次のように展開できる．

$$x(t) = \sum_{k=-\infty}^{\infty} c_k \exp\left(j\frac{2\pi k}{T}t\right) \tag{2.19}$$

ここで，c_k はフーリエ係数と呼ばれる複素数である．

このことは，次のように示すことができる．式 (2.1) に，オイラーの公式

$$\cos\left(\frac{2\pi k}{T}t\right) = \frac{1}{2}\left\{\exp\left(j\frac{2\pi k}{T}t\right) + \exp\left(-j\frac{2\pi k}{T}t\right)\right\} \tag{2.20}$$

$$\sin\left(\frac{2\pi k}{T}t\right) = \frac{1}{j2}\left\{\exp\left(j\frac{2\pi k}{T}t\right) - \exp\left(-j\frac{2\pi k}{T}t\right)\right\} \tag{2.21}$$

を適用すると，次のように表現できる．

$$\begin{aligned}
x(t) &= \frac{a_0}{2} + \sum_{k=1}^{\infty}\left\{\frac{a_k - jb_k}{2}\exp\left(j\frac{2\pi k}{T}t\right) + \frac{a_k + jb_k}{2}\exp\left(-j\frac{2\pi k}{T}t\right)\right\} \\
&= \sum_{k=-\infty}^{-1} \frac{a_{-k} + jb_{-k}}{2}\exp\left(j\frac{2\pi k}{T}t\right) + \frac{a_0}{2} + \sum_{k=1}^{\infty}\frac{a_k - jb_k}{2}\exp\left(-j\frac{2\pi k}{T}t\right) \\
&= \sum_{k=-\infty}^{\infty} c_k \exp\left(j\frac{2\pi k}{T}t\right)
\end{aligned} \tag{2.22}$$

ここで，

$$c_k = \begin{cases} \dfrac{a_{-k} + jb_{-k}}{2} & (k < 0) \\ \dfrac{a_0}{2} & (k = 0) \\ \dfrac{a_k - jb_k}{2} & (k > 0) \end{cases}$$

である．

次に，周期信号 $x(t)$ が与えられたとき，c_k は次のように求めることができ

るることを示そう.

> **フーリエ係数**
> $$c_k = \frac{1}{T}\int_0^T x(t)\exp\left(-j\frac{2\pi k}{T}t\right)dt \tag{2.23}$$

これを証明するためには，$\exp\left(j\frac{2\pi k}{T}t\right)$ が持つ**正規直交性**と呼ばれる性質を用いる．

> **複素正弦波の正規直交性**
> $$\frac{1}{T}\int_0^T \exp\left(j\frac{2\pi k}{T}t\right)\exp\left(-j\frac{2\pi \ell}{T}t\right)dt = \begin{cases} 1 & (k=\ell) \\ 0 & (k\neq\ell) \end{cases} \tag{2.24}$$

■ **例題 2.2**

複素正弦波の正規直交性 (2.24) を証明せよ．

【解答】この関係は次のように示すことができる．まず，$k=\ell$ のとき
$$\int_0^T \exp\left(j\frac{2\pi(k-\ell)}{T}t\right)dt = \int_0^T dt = T$$
である．また，$k\neq\ell$ のとき
$$\begin{aligned}\int_0^T \exp\left(j\frac{2\pi(k-\ell)}{T}t\right)dt &= \left[\frac{T}{j2\pi(k-\ell)}\exp\left(j\frac{2\pi(k-\ell)}{T}t\right)\right]_0^T \\ &= \frac{T}{j2\pi(k-\ell)}\{\exp(j(k-\ell)2\pi)-\exp(0)\} \\ &= \frac{T}{j2\pi(k-\ell)}(1-1) = 0\end{aligned}$$
なる関係を得る．

これを踏まえると，フーリエ級数
$$x(t) = \sum_{k=-\infty}^{\infty} c_k \exp\left(j\frac{2\pi k}{T}t\right)$$
の両辺に $\exp\left(-j\frac{2\pi \ell}{T}t\right)$ をかけて，0 から T まで積分すると

2.2 フーリエ級数の複素表現

$$\int_0^T x(t)\exp\left(-j\frac{2\pi\ell}{T}t\right)dt = \sum_{k=-\infty}^{\infty} c_k \int_0^T \exp\left(j\frac{2\pi k}{T}t\right)\exp\left(-j\frac{2\pi\ell}{T}t\right)dt$$
$$= Tc_\ell$$

となる．従って，フーリエ級数は，次のように求められる．

$$c_k = \frac{1}{T}\int_0^T x(t)\exp\left(-j\frac{2\pi k}{T}t\right)dt \tag{2.25}$$

ここで，矩形波のフーリエ級数を複素表現してみよう．まず，$k=0$ のとき

$$c_0 = \frac{1}{T}\int_0^T x(t)dt = \frac{1}{T}\int_0^{\frac{T}{2}} 1 dt = \frac{1}{2} \tag{2.26}$$

となる．次に，$k \neq 0$ のときは，

$$c_k = \frac{1}{T}\int_0^T x(t)\exp\left(-j\frac{2\pi k}{T}t\right)dt = \frac{1}{T}\int_0^{\frac{T}{2}} \exp\left(-j\frac{2\pi k}{T}t\right)dt$$
$$= \frac{1}{T}\left[-\frac{T}{j2\pi k}\exp\left(-j\frac{2\pi k}{T}t\right)\right]_0^{\frac{T}{2}} = -\frac{1}{j2\pi k}\{\exp(-j\pi k) - 1\}$$
$$= \frac{1}{\pi k}\exp\left(-j\frac{1}{2}\pi k\right)\frac{1}{j2}\left[\exp\left(j\frac{1}{2}\pi k\right) - \exp\left(-j\frac{1}{2}\pi k\right)\right]$$
$$= \frac{1}{2}\frac{\sin\left(\frac{1}{2}\pi k\right)}{\frac{1}{2}\pi k}\exp\left(-j\frac{1}{2}\pi k\right)$$

となる．ここで，オイラーの公式 $\sin\theta = \frac{1}{j2}\{\exp(j\theta) - \exp(-j\theta)\}$ を使っている．

従って，フーリエ級数は

$$x(t) = \frac{1}{2}\sum_{k=-\infty}^{\infty} \frac{\sin(\frac{1}{2}\pi k)}{\frac{1}{2}\pi k}\exp\left(j\pi k\left(\frac{2}{T}t - \frac{1}{2}\right)\right)$$

と表現できる．ここで，$\lim_{\theta \to 0}\frac{\sin\theta}{\theta} = 1$ を利用することで，k の場合分けを避けて級数を簡潔に表現していることに注意されたい． □

2.3 フーリエ級数の性質

ここでは，フーリエ級数やフーリエ係数が持つ性質，また級数の収束性などについて触れる．

2.3.1 フーリエ級数の対称性と位相

ところで，複素数であるフーリエ係数 c_k が持つ「意味」は何であろうか．まず，$x(t)$ が実数関数であれば，係数 c_k には

$$c_{-k} = \overline{c}_k \tag{2.27}$$

なる関係がある（**共役関係**）．この c_k を極座標表示で表し，$c_k = A_k \exp(j\theta_k)$ とおく．ここで A_k と θ_k は実数である．また，式 (2.27) の共役関係より，

$$A_{-k} = A_k \tag{2.28}$$
$$\theta_{-k} = -\theta_k \tag{2.29}$$

であることに注意する．また，簡単のために $\Omega_k = k\frac{2\pi}{T}$ とおくと，$\exp\left(j\frac{2\pi k}{T}t\right) = \exp(j\Omega_k t)$ と書ける．

ここで，式 (2.19) で表されるフーリエ級数において，k 番目と $-k$ 番目に注目すると，

$$\begin{aligned}
&A_k \exp(j\theta_k)\exp(j\Omega_k t) + A_{-k}\exp(j\theta_{-k})\exp(j\Omega_{-k}t) \\
&= A_k \exp(j\theta_k)\exp(j\Omega_k t) + A_{-k}\exp(-j\theta_k)\exp(-j\Omega_k t) \\
&= A_k [\exp\{j(\Omega_k t + \theta_k)\} + \exp\{-j(\Omega_k t + \theta_k)\}] \\
&= 2A_k \cos(\Omega_k t + \theta_k)
\end{aligned}$$

となる．つまり，c_k は「$x(t)$ に含まれる角周波数 $\Omega_k = k\frac{2\pi}{T}$ の正弦波に関しては，$2A_k = \sqrt{a_k^2 + b_k^2}$ の振幅を持ち，θ_k だけ平行移動している」ことを示している．この A_k を振幅または**振幅成分**，θ_k を位相または**位相成分**と呼ぶ．このように，係数が位相情報を併せ持つのは，複素数を使うからこそ可能である．

2.3.2 正規直交展開としてのフーリエ級数

第 1 章では，フーリエ級数が一般フーリエ級数の特殊な場合であると述べた．そのことを以下に示そう．

実係数のフーリエ級数について

いま, $k = 0, 1, \ldots$ に対して, 周期 T の実数関数 $\phi_k(t)$ を

$$\phi_0(t) = \frac{1}{\sqrt{T}} \tag{2.30}$$

$$\phi_{2k}(t) = \sqrt{\frac{2}{T}} \cos \frac{2\pi k}{T} t \tag{2.31}$$

$$\phi_{2k-1}(t) = \sqrt{\frac{2}{T}} \sin \frac{2\pi k}{T} t \tag{2.32}$$

のように定義する. いま, 周期 T の実数関数 $f(t), g(t)$ の内積を

$$\langle f, g \rangle = \int_0^T f(t) g(t) dt \tag{2.33}$$

で定義すると, 三角関数の直交性 (式 (2.8), (2.9), (2.10)) より直ちに

$$\langle \phi_k, \phi_\ell \rangle = \frac{2}{T} \frac{T}{2} \delta_{k,\ell} = \delta_{k,\ell} \tag{2.34}$$

を得る. ここで, $\delta_{k,\ell}$ は

$$\delta_{k,\ell} = \begin{cases} 1 & (k = \ell) \\ 0 & (k \neq \ell) \end{cases} \tag{2.35}$$

を意味する記号である. 内積を用いると, フーリエ係数は

$$a_0 = \frac{1}{\sqrt{T}} \langle x, \phi_0 \rangle \tag{2.36}$$

$$a_k = \sqrt{\frac{2}{T}} \langle x, \phi_{2k} \rangle \tag{2.37}$$

$$b_k = \sqrt{\frac{2}{T}} \langle x, \phi_{2k-1} \rangle \tag{2.38}$$

と書くことができる. 以上から,

$$x(t) = \sum_{k=0}^{\infty} \langle x, \phi_k \rangle \phi_k(t) \tag{2.39}$$

と表現できる.

フーリエ級数 (複素表現) について

いま, $k = 0, \pm 1, \pm 2, \ldots$ に対して,

$$\phi_k(t) = \frac{1}{\sqrt{T}} \exp\left(j \frac{2\pi k}{T} t \right) \tag{2.40}$$

と関数集合 $\{\phi_k(t)\}_{k=-\infty}^{\infty}$ を定義する．いま，周期 T の関数 $f(t), g(t)$ の内積を

$$\langle f, g \rangle = \int_0^T f(t)\overline{g(t)}dt \tag{2.41}$$

で定義すると，式 (2.24) より直ちに

$$\langle \phi_k, \phi_\ell \rangle = \frac{1}{T}T\delta_{k,\ell} = \delta_{k,\ell} \tag{2.42}$$

を得る．内積とフーリエ係数の間には，式 (2.23) より

$$c_k = \frac{1}{\sqrt{T}}\langle x, \phi_k \rangle \tag{2.43}$$

なる関係があるので，式 (2.40) と (2.43) を式 (2.23) に代入すると，

$$x(t) = \sum_{k=-\infty}^{\infty} \langle x, \phi_k \rangle \phi_k(t) \tag{2.44}$$

となり，第 1 章で見たように，これは正規直交展開を与える式（一般化フーリエ級数）である．

2.3.3 パーセヴァルの等式

フーリエ級数で，重要な性質のひとつが，以下に示すパーセヴァルの等式である．

パーセヴァルの等式

- パーセヴァルの等式 I

$$\frac{2}{T}\int_0^T |x(t)|^2 dt = \frac{1}{2}a_0^2 + \sum_{k=1}^{\infty}(a_k^2 + b_k^2) \tag{2.45}$$

- パーセヴァルの等式 II

$$\frac{1}{T}\int_0^T |x(t)|^2 dt = \sum_{k=-\infty}^{\infty} |c_k|^2 \tag{2.46}$$

これは，第 1 章で扱った，正規直交基底 $\{\phi_i\}$ に関するパーセヴァルの公式

$$\|x\|^2 = \sum_k |\langle x, \phi_k \rangle|^2 \tag{2.47}$$

2.3 フーリエ級数の性質

から容易に求めることができる．ここでは，パーセヴァルの等式 II について示してみよう．いま，$\phi_k(t)$ を (2.40) によって定義する．このとき，c_k は式 (2.43) を満たす．従って，

$$\sum_{k=-\infty}^{\infty} |\langle x, \phi_k \rangle|^2 = \sum_{k=-\infty}^{\infty} T|c_k|^2 \tag{2.48}$$

である．

$$\|x\|^2 = |\langle x, x \rangle|^2 = \int_0^T |x(t)|^2 dt \tag{2.49}$$

式 (2.47) より式 (2.46) を得る．

2.3.4 不連続点でのギブス現象

フーリエ級数は式 (2.1) で与えられるため，$x(t)$ は連続である必要がある，というのが直観であろう．正弦波は何度でも微分でき，いたるところで連続だからである．しかしながら，フーリエは $x(t)$ は不連続でも構わないと主張したのである．この主張は数学者を巻き込んだ論争を引き起こすことになったが，結局次のことが明らかになっている．

いま周期 T の関数 $x(t)$ は，$t = t_0$ で不連続であるとしよう．このとき，厳密にはフーリエ級数に展開できない．そこで，式 (2.1) または (2.19) の右辺を $\hat{x}(t)$ とおくと，$x(t)$ と $\hat{x}(t)$ の間にはどのような関係があるだろうか．いま，不連続点における左極限（左側から t_0 に近づいたときの極限）を $x(t_0-) = \lim_{t \to t_0-} x(t)$，右極限を $x(t_0+) = \lim_{t \to t_0+} x(t)$ とおく．$t = t_0$ で不連続であるから，$x(t_0-) \neq x(t_0+)$ である．このとき，フーリエ級数は以下の性質を持つ．

不連続点における収束

関数 $x(t)$ が $t = t_0$ で不連続であるとする．連続点 $t \neq t_0$ では各点で式 (2.1) が成り立つ．不連続点 $t = t_0$ では

$$\hat{x}(t_0) = \frac{1}{2}[x(t_0+) + x(t_0-)] \tag{2.50}$$

が成り立つ．

ここで，矩形波の収束を例にとって，不連続点における振る舞いを確認してみよう．矩形波のフーリエ級数は，式 (2.15) で与えられることはすでに見た．

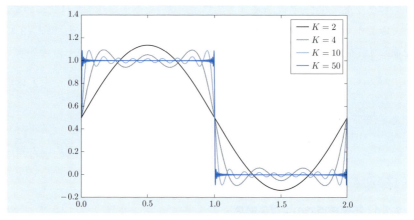

図 2.5 矩形波の不連続点における収束の様子およびギブス現象

この矩形波で，不連続点のひとつは $t = \frac{T}{2}$ である．式 (2.15) に，$t = \frac{T}{2}$ を代入すると

$$x\left(\frac{T}{2}\right) = \frac{1}{2} + \frac{2}{\pi}\sum_{k=1}^{\infty}\frac{1}{2k-1}\sin(\pi(k-1)t)$$
$$= \frac{1}{2}$$

が成り立つ．一方，$x(\frac{T}{2}-) = 1$, $x(\frac{T}{2}+) = 0$ であるから，式 (2.50) を確認できる．

改めて収束の様子を図で確認してみよう．図 2.5 は級数を有限で打ち切った $x_K(t)$ を表している．不連続点で，必ず $\frac{1}{2}$ を通る様子を理解できる．また，不連続点の前後で，波形が大きく振動している現象も確認できる．この振動はリプルと呼ばれ，リプルが不連続点で生ずる現象をギブス現象と呼ぶ．

2.4 フーリエ級数の応用

フーリエ級数展開は，電気回路や熱伝導方程式の求解に応用できる．特に，後者はフーリエがフーリエ級数を提案するきっかけとなった問題である．

2.4.1 電気回路への応用

電気回路とは，抵抗 R，コンデンサ C，コイル L で構成された回路に，電源が接続されたものである．いま，図 2.6 に示す回路において，コンデンサに蓄えられる電荷 $q(t)$ について解析する．電磁気学と回路理論によれば，電荷は微分方程式

$$Lq'' + Rq' + \frac{1}{C}q(t) = v(t) \tag{2.51}$$

を満たす．電源電圧 $v(t)$ は周期的であるとして，$q(t)$ を求めよう．

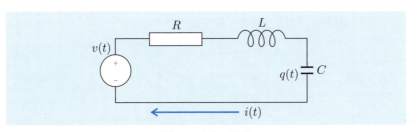

図 2.6 LCR 回路

電源電圧が周期 T のとき，十分時間が経った後では電荷も同じ周期 T で変動する．ここで，$\omega = \frac{2\pi}{T}$ とおくと，$q(t)$ は，フーリエ級数

$$q(t) = \sum_{k=-\infty}^{\infty} q_k \exp(jk\omega t) \tag{2.52}$$

で表現できる．従って，$q(t)$ を求める問題は，q_k を求める問題となる．また，電源電圧 $v(t)$ はフーリエ級数によって

$$v(t) = \sum_{k=-\infty}^{\infty} v_k \exp(jk\omega t) \tag{2.53}$$

と表現できる．以上の準備のもとで，式 (2.52) と (2.53) を式 (2.51) に代入すると，

$$\sum_{k=-\infty}^{\infty}\left(-k^2\omega^2 L + jk\omega R + \frac{1}{C}\right)q_k \exp(jk\omega t) = v(t) = \sum_{k=-\infty}^{\infty} v_k \exp(jk\omega t)$$

である．電源は既知なので，式 (2.23) を用いれば，$v(t)$ から v_k が求められる．従って，解 q_k は

$$q_k = \left(-k^2\omega^2 L + jk\omega R + \frac{1}{C}\right)^{-1} v_k$$

で与えられる．

2.4.2 熱伝導方程式の求解

もともとフーリエがフーリエ級数を提唱するきっかけとなった**熱伝導方程式**を考えよう．いま，太さを無視できる長さ L の棒があるとし，端点を $x=0$ と $x=L$ とする．時刻 t における位置 x の温度を $u(x,t)$ とする．この棒の側面は完全に断熱されており，端点では常に一定の温度であるとする．その温度を 0 としても一般性を失わないので，境界条件は

$$u(0,t) = u(L,t) = 0 \quad (t > 0) \tag{2.54}$$

で与えられる．さらに，初期状態での温度分布を $f(x)$ とする．すなわち，

$$u(x,0) = f(x) \quad (0 \le x \le L) \tag{2.55}$$

であるとする．仮に，$-L \le x \le 0$ で $-f(-x)$ となる奇関数として $f(x)$ を再定義すると，このフーリエ級数は

$$f(x) = \sum_{n=1}^{\infty} b_n \sin\frac{n\pi x}{L} \tag{2.56}$$

$$b_n = \frac{2}{L}\int_0^L f(x)\sin\frac{n\pi x}{L}dx \tag{2.57}$$

である（→ 章末問題 3）．

ところで温度分布 $u(x,t)$ は，熱伝導方程式

$$\frac{\partial u(x,t)}{\partial t} = \alpha^2 \frac{\partial^2 u(x,t)}{\partial x^2} \tag{2.58}$$

を満たすことを知られている．これを解くために，$u(x,t)$ が

$$u(x,t) = X(x)T(t) \tag{2.59}$$

2.4 フーリエ級数の応用

のように，変数分離可能であると仮定する．これを式 (2.58) に代入すると，

$$\frac{X''(x)}{X(x)} = \frac{1}{\alpha^2}\frac{T'(t)}{T(t)} \tag{2.60}$$

を得る．左辺は x, 右辺は t の関数なので，両辺ともに定数である．そこで，その定数を $-\lambda^2$ とすると，

$$\frac{X''(x)}{X(x)} = \frac{1}{\alpha^2}\frac{T'(t)}{T(t)} = -\lambda \tag{2.61}$$

2 つの微分方程式

$$X'' + \lambda^2 X = 0 \tag{2.62}$$

$$T' + \alpha^2\lambda^2 T = 0 \tag{2.63}$$

を得る．このとき $X(x)$ の一般解は，

$$X(x) = A\cos\lambda x + B\sin\lambda x \tag{2.64}$$

である．A, B は任意定数である．式 (2.54), (2.59) より，$X(0) = X(L) = 0$ である．$x(0) = 0$ から $A = 0$ を得る．次に $X(L) = 0$ を満たすには，$\lambda = \frac{n\pi}{L}$ である必要がある．従って，$n = 1, 2, \ldots$ に対して

$$X_n(x) = \sin\frac{n\pi}{L}x \tag{2.65}$$

はすべて式 (2.63) の特殊解となる．さらに，$T(t)$ に関しても，

$$T_n(t) = \exp\left(\frac{n^2\pi^2\alpha^2}{L^2}t\right) \tag{2.66}$$

は解である．以上から熱伝導方程式の特殊解は，$n = 1, 2, \ldots$ に対して

$$u_n(x,t) = b_n \exp\left(\frac{n^2\pi^2\alpha^2}{L^2}t\right)\sin\frac{n\pi}{L}x \tag{2.67}$$

のように与えられることがわかるが，1 次独立な解の線形和は微分方程式の解を与えるので，結局，熱伝導方程式の解は

$$u(x,t) = \sum_{n=1}^{\infty} b_n \exp\left(\frac{n^2\pi^2\alpha^2}{L^2}t\right)\sin\frac{n\pi}{L}x \tag{2.68}$$

と与えられる．この b_n は，初期状態の条件式 (2.55) より，

$$u(x,0) = f(x) = \sum_{n=1}^{\infty} b_n \sin\frac{n\pi}{L}x \tag{2.69}$$

であるので，まさに $f(x)$ のフーリエ係数である．

2 章 の 問 題

☐ **1** 以下のフーリエ級数を求めよ．

(1) 周期 T の三角波

$$x(t) = \begin{cases} \frac{2}{T}t & (0 \leq t < \frac{T}{2}) \\ 2 - \frac{2}{T}t & (\frac{T}{2} \leq t < T) \end{cases}$$

(2) 周期 2π の半波整流された正弦波

$$x(t) = \begin{cases} \sin t & (0 \leq t < \pi) \\ 0 & (\pi \leq t < 2\pi) \end{cases}$$

(3) 周期が T であるのこぎり波

$$x(t) = \frac{t}{T} \quad (0 \leq t \leq T)$$

☐ **2** パーセヴァルの等式 I を証明せよ．

☐ **3** $-L \leq t \leq L$ で定義された関数が $x(-t) = -x(t)$ を満たすとき，この関数を奇関数と呼ぶ．この $x(t)$ のフーリエ級数展開を求めよ．

第3章

フーリエ変換

　第 2 章では，区間 $[0, T]$ で定義された信号[†1]にフーリエ級数展開を導入した．本章では，連続時間領域において非周期な信号に対するフーリエ変換を扱う．

[†1] 有限区間は「周期的な信号の一部」とみなすことができる．

3.1 フーリエ変換
3.2 帯域制限関数
3.3 フーリエ変換の応用

3.1 フーリエ変換

3.1.1 面積有限とエネルギー有限関数

本章で扱うフーリエ変換は，変換する関数の定義域にわたって積分を行うため，積分値が無限大に発散してしまうこともある．積分値が無限大に発散すると，入力の情報が失われ，逆変換を行うことができない．このため，入力に一定の制限を設けることが必要となる．

> **面積有限関数**
>
> 以下の性質を満たす関数 $x(t)$ を**面積有限関数**または**絶対可積分関数**と呼び，その全体の集合を L^1 と表す．
> $$\int_{-\infty}^{\infty} |x(t)| dt < \infty \tag{3.1}$$
> 厳密には，ここでの積分は完備性を保証するためルベーグ積分（Lebesgue integral）を意味する．

> **エネルギー有限関数**
>
> 以下の性質を満たす関数 $x(t)$ を**エネルギー有限関数**または **2 乗可積分関数**と呼び，その全体の集合を L^2 と表す．
> $$\int_{-\infty}^{\infty} |x(t)|^2 dt < \infty \tag{3.2}$$

多項式関数や三角関数，指数関数，対数関数などほとんどの初等関数は面積有限でもエネルギー有限でもない．しかし，工学的な応用を考えた場合，値が時間とともに際限なく大きくなったり，無限の過去から未来まで意味のある値が存在し続けたりすることは少ないため，このような制約を持つ関数のみを考えても応用は広い．また，この制約は，第 6 章のラプラス変換を用いることで緩和することができる．本章で扱う関数は，特に明示がなくても面積有限あるいはエネルギー有限であるとする．

3.1.2 フーリエ変換

> **フーリエ変換**
>
> 面積有限あるいはエネルギー有限関数 $x(t)$ に対して，
>
> $$X(\Omega) = \int_{-\infty}^{\infty} x(t)\exp(-j\Omega t)dt \qquad (3.3)$$
>
> を $x(t)$ のフーリエ変換（**Fourier transform**）と呼ぶ．
> また，
>
> $$x(t) = \frac{1}{2\pi}\int_{-\infty}^{\infty} X(\Omega)\exp(j\Omega t)d\Omega \qquad (3.4)$$
>
> を逆フーリエ変換（**inverse Fourier transform**）と呼ぶ．関数 $x(t)$ のフーリエ変換を $\mathcal{F}[x(t)]$ と表し，$X(\Omega)$ の逆フーリエ変換を $\mathcal{F}^{-1}[X(\Omega)]$ と表す．

式 (3.4) はフーリエの反転公式と呼ばれる．

第2章で説明したフーリエ級数は，連続時間領域で定義された周期関数を（複素）正弦波の和として表現するものであった．そのときの角周波数は，基本波の1倍，2倍，3倍，…となっていた．一方，フーリエ反転公式は，連続時間領域で定義された非周期関数が，関数 $X(\Omega)$ と $\exp(j\Omega t)$ の積を Ω に関して積分したもので表現される．このように，<u>時間領域での周期関数</u>は，フーリエ係数が<u>離散点</u>で表され，<u>時間領域での非周期関数</u>の係数 Ω は，連続周波数の関数となる．この関係は，第1章の図1.6で示した通りである．

フーリエ級数展開からフーリエの反転公式を導出してみよう．周期 T の複素フーリエ級数展開と再構成は，

$$c_k = \int_{-\frac{T}{2}}^{\frac{T}{2}} x(t)\exp\left(-\frac{jkt}{T}\right)dt \qquad (3.5)$$

$$x(t) = \frac{1}{T}\sum_{k=-\infty}^{\infty} c_k \exp\left(\frac{jkt}{T}\right) \qquad (3.6)$$

で与えられた．ここで，$\Omega = \frac{2\pi k}{T}$ とおき，$\Delta\Omega = \frac{2\pi(k+1)}{T} - \frac{2\pi n}{T} = \frac{2\pi}{T}$ とおく．$\Omega = \frac{2\pi k}{T}$ のときに $c_k = X(\Omega)$ となるような関数を考えよう．

$$x(t) = \frac{1}{2\pi} \sum_{k=-\infty}^{\infty} c_k \exp(j\Omega t)\Delta\Omega \tag{3.7}$$

となる．ここで，周期 T を無限に大きくすることを考える．このとき，k は整数値であるが，Ω は実数値を取る．さらに $\Delta\Omega$ の区間は微小 $\delta\Omega$ となり，フーリエ変換と逆フーリエ変換を得る．

式 (3.3)，(3.4) による定義では，式 (3.4) に係数 $\frac{1}{2\pi}$ が付してある．定義によっては式 (3.3)，(3.4) の両方に $\frac{1}{\sqrt{2\pi}}$ を付ける場合もある．後者の場合は，次に示す畳み込みやパーセヴァルの公式などの係数がなくなり見やすくなる利点がある．また，変換関数の変数に角周波数 Ω でなく，周波数 $f = \frac{\Omega}{2\pi}$ を用いる定義もある．

フーリエ変換 $X(\Omega)$ は複素数を取るため，そのままグラフを描くことができない．このため，$X(\Omega)$ の絶対値を取った**振幅スペクトラム（amplitude spectrum）** $|X(\Omega)|$ と偏角を取った**位相スペクトラム（phase spectrum）** $\arg X(\Omega)$ が用いられる．絶対値の 2 乗を取った**パワースペクトラム（power spectrum）** $|X(\Omega)|^2$ も用いられる．これらは元の信号 $x(t)$ がどの程度の大きさの周波数成分を含んでいるか，その位相がどの程度であるかを示している．

3.1.3 畳み込みとフーリエ変換

2 つの関数 $x(t)$，$y(t)$ について，

$$(x*y)(t) = \int_{-\infty}^{\infty} x(\tau)y(t-\tau)d\tau \tag{3.8}$$

を $x(t)$ と $y(t)$ の**畳み込み**あるいは**コンボリューション（convolution）** と呼ぶ．

畳み込みは工学的に重要な演算であり，第 6 章で解説するフレドホルム積分方程式の特殊形である．例えば，画像工学でのボケやブレの特性，カメラの絞りのモデル，あるいは，コンピュータトモグラフィ（computed tomography；CT）に用いられるラドン変換，音響工学での音の反射，反響のモデルなどは畳み込みで表現される．また，後述するように，電気回路や機械系，信号処理システムなどの線形システムの解析にも用いられる．

畳み込みの逆演算は，**逆畳み込み**あるいは**デコンボリューション（deconvolution）** と呼ばれ，観測結果から元の原因を推定する逆問題において中心的な

役割を果たす.例えば,前述の例では,ボケやブレの復元,カメラパラメータの推定,CT画像の再構成,音響パラメータ推定,逆フィルタリングを行うときにデコンボリューションを用いる.

フーリエ変換と畳み込みには次の関係がある.

> **― フーリエ変換と畳み込み ―**
>
> 関数 $x(t)$, $y(t)$ のフーリエ変換を $X(\Omega)$, $Y(\Omega)$ とする.このとき,以下のの関係が成立する.
> $$\mathcal{F}[(x*y)(t)] = X(\Omega)Y(\Omega) \tag{3.9}$$

畳み込みやデコンボリューションの演算は積分演算を含むため,面倒である.このため,信号をフーリエ変換し,周波数領域で積 $X(\Omega)Y(\Omega)$ を計算する方が効率的な場合もある.第5章で解説するように,離散化した信号をコンピュータ上で計算する場合においても,畳み込みを直接計算するよりも,フーリエ変換を求めた後で,積の計算を行い,逆フーリエ変換する方が計算コストが小さい場合もある.

線形システムでは,入出力の関係が畳み込みで表される.すなわち,出力は,入力 $x(t)$ とシステム固有の関数 $h(t)$(後にインパルス応答として定義する)との畳み込みで与えられる.両者のフーリエ変換を考え,周波数領域でシステムを解析することで,入力信号のどの周波数成分がどのように変換されて出力されるかを調べることができる.このとき,$H(\Omega) = \mathcal{F}[h(t)]$ は,伝達関数と呼ばれる.線形システムと伝達関数については,3.3.2項で解説する.

3.1.4 フーリエ変換の性質

関数 $x(t)$, $y(t)$ のフーリエ変換を $X(\Omega)$, $Y(\Omega)$ とするとき,以下の性質がある.

(1) 線形性:$\alpha, \beta \in \mathbb{R}$ に対して,
$$\mathcal{F}[\alpha x(t) + \beta y(t)] = \alpha X(\Omega) + \beta Y(\Omega) \tag{3.10}$$
$$\mathcal{F}^{-1}[\alpha X(\Omega) + \beta Y(\Omega)] = \alpha x(t) + \beta y(t) \tag{3.11}$$

(2) 変換前の平行移動:

$$\mathcal{F}[x(t - t_0)] = \exp(-jt_0\Omega)X(\Omega) \tag{3.12}$$

(3) 変換後の平行移動：

$$\mathcal{F}^{-1}[X(\Omega - \Omega_0)] = \exp(-j\Omega_0 t)x(t) \tag{3.13}$$

(4) 軸方向の伸縮：0 以外の実数 α に対して，

$$\mathcal{F}[x(\alpha t)] = \frac{1}{|\alpha|}X\left(\frac{\Omega}{\alpha}\right) \tag{3.14}$$

(5) 複素共役：

$$\mathcal{F}[\overline{x(t)}] = \overline{X(-\Omega)} \tag{3.15}$$

特に，$x(t)$ が実関数の場合には $x(t) = \overline{x(t)}$ より

$$X(\Omega) = \overline{X(-\Omega)} \tag{3.16}$$

(6) 畳み込み：

$$\mathcal{F}[(x*y)(t)] = X(\Omega)Y(\Omega) \tag{3.17}$$

$$\mathcal{F}^{-1}[(X*Y)(\Omega)] = 2\pi x(t)y(t) \tag{3.18}$$

(7) 微分：

$$\mathcal{F}\left[\frac{d^n}{dt^n}x(t)\right] = (j\Omega)^n X(\Omega) \tag{3.19}$$

$$(-jt)^n x(t) = \mathcal{F}^{-1}\left[\frac{d^n}{d\Omega^n}X(\Omega)\right] \tag{3.20}$$

(8) パーセヴァルの公式 (**Parseval's formula**)：

$$\int_{-\infty}^{\infty} x(t)\overline{y(t)}dt = 2\pi\int_{-\infty}^{\infty} X(\Omega)\overline{Y(\Omega)}d\Omega \tag{3.21}$$

特に，$x(t) = y(t)$ のとき，

$$\int_{-\infty}^{\infty} |x(t)|^2 dt = 2\pi\int_{-\infty}^{\infty} |X(\Omega)|^2 d\Omega \tag{3.22}$$

3.1.5 フーリエ変換の例

色々な関数のフーリエ変換を見てみよう．ここで扱う関数のフーリエ変換は単なる例示としてだけではなく，工学の様々な問題において頻出する事項である．

矩形関数のフーリエ変換

以下の式で表される矩形関数のフーリエ変換を考える.

$$\mathbf{1}_T(t) = \begin{cases} 1 & (-T \leq t \leq T) \\ 0 & (\text{それ以外}) \end{cases} \quad (3.23)$$

定義式に代入すれば

$$X_1(\Omega) = \mathcal{F}[\mathbf{1}_T(t)] = \frac{2T\sin(T\Omega)}{T\Omega} \quad (3.24)$$

となる.ここで $\Omega = 0$ のときは $X_1(0) = 2T$ とする.関数 $\frac{\sin(\Omega)}{\Omega}$ は **sinc 関数**と呼ばれる関数である(図 3.1(b)).矩形関数(式 (3.23))は,有限の T について面積有限かつエネルギー有限である.一方,sinc 関数は面積有限ではないが,エネルギー有限な関数である(パーセヴァルの公式より明らか).

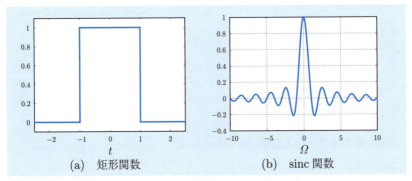

(a) 矩形関数　　(b) sinc 関数

図 3.1 矩形関数と sinc 関数

ある信号 $x(t)$ の一部分だけを抜き出してフーリエ変換を行うような場合には,$x(t)$ と矩形関数 $\mathbf{1}_T(t)$ の積 $x(t)\mathbf{1}_T(t)$ をフーリエ変換することになる.フーリエ変換の性質(式 (3.18))より,時間領域での積は,周波数領域での畳み込みとなり,$x(t)\mathbf{1}_T(t)$ のフーリエ変換は,元の信号のフーリエ変換 $X(\Omega) = \mathcal{F}[x(t)]$ と sinc 関数 $X_1(\Omega) = \mathcal{F}[\mathbf{1}_T(t)]$ の畳み込み $2\pi(X * X_1)(\Omega)$ で表される.

逆に周波数領域の矩形関数の逆フーリエ変換を考える.

$$\mathbf{1}_\xi(\Omega) = \begin{cases} 1 & (-\xi \leq \Omega \leq \xi) \\ 0 & (\text{それ以外}) \end{cases} \quad (3.25)$$

の逆フーリエ変換は，以下の sinc 関数となる．

$$\mathcal{F}^{-1}[\mathbf{1}_\xi(\Omega)] = \frac{1}{\pi}\frac{\sin(\xi t)}{t} = \frac{\xi}{\pi}\mathrm{sinc}(\xi t) \tag{3.26}$$

ある関数のフーリエ変換と式 (3.25) を周波数領域でかけ合わせると，その関数の成分のうち，低い周波数成分のみを取り出し，高い周波数成分を消し去ることができる．このため，式 (3.25) は**理想低域通過フィルタ**と呼ばれる．

ガウス関数のフーリエ変換

ガウス関数

$$x(t) = \exp(-t^2) \tag{3.27}$$

のフーリエ変換は，

$$\mathcal{F}[x(t)] = \sqrt{\pi}\exp\left(-\frac{\Omega^2}{4}\right) \tag{3.28}$$

となり，ガウス関数をスケーリングしたものとなる．また，逆変換は

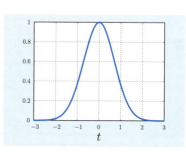

図 3.2　ガウス関数

$$F^{-1}[\exp(-\Omega^2)] = \frac{1}{2\sqrt{\pi}}\exp\left(-\frac{1}{4}t^2\right) \tag{3.29}$$

となる．

デルタ関数のフーリエ変換

デルタ関数 (delta function) は以下の性質を持つ関数である．ディラックのデルタ関数，または**インパルス関数 (impulse function)** とも呼ばれる．

(1) $$\delta(t) = \begin{cases} \infty & (t=0) \\ 0 & (t \neq 0) \end{cases}$$

(2) $$\int_{-\infty}^{\infty}\delta(t)dt = 1$$

(3) 任意の連続信号 $x(t)$ に対して

$$\int_{-\infty}^{\infty}\delta(t)x(t)dt = x(0) \tag{3.30}$$

を満たす．

式 (3.30) の性質より，任意の t_0 に対して，$x(t_0) = \int_{-\infty}^{\infty}\delta(t-t_0)x(t)dt$ となる．これは，デルタ関数を用いて連続信号の任意の点の値を観測することがで

きることを表す．デルタ関数は図 3.3 のように矢印を使って表現する．このときの上向き矢印は座標軸ではなく，デルタ関数を表す．

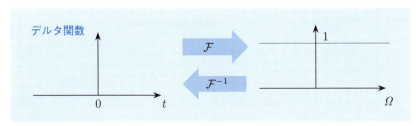

図 3.3 ディラックのデルタ関数とそのフーリエ変換

工学的な応用を考えてみよう．音響信号や画像信号などの物理信号は，ある一定の時間区間や一定面積の画素センサを用いなければ観測はできない．すなわち，長さが 0 の時間幅の音響信号や，面積 0 の画素センサに対応する画素値は原理上，ディジタル信号として観測することができない．このため，連続信号 $x(t)$ の観測はある時間的，空間的な幅を持った観測核 $K(t)$ を使って

$$\tilde{x}(t_0) = \int_{-\infty}^{\infty} K(t - t_0) x(t) dt \tag{3.31}$$

と表現される．$\tilde{x}(t_0)$ は，t_0 における $x(t)$ の観測値であり，$\tilde{x}(t_0) = x(t_0)$ となるような $K(t)$ を用いることが望ましい（実際にはデルタ関数を物理的に実現できないため，$x(t)$ が特定の制約を満たさなければこのような $K(t)$ は存在しない）．具体的には，矩形関数，ガウス関数，sinc 関数を積分値 1 にスケーリングした関数

$$K_T(t) = \begin{cases} \frac{1}{T} & \left(-\frac{T}{2} < t < \frac{T}{2}\right) \\ 0 & （それ以外） \end{cases} \tag{3.32}$$

$$K_\sigma(t) = \frac{1}{\sqrt{2\pi\sigma^2}} \exp\left(-\frac{t^2}{2\sigma^2}\right) \tag{3.33}$$

$$K_{\mathrm{sinc}}(t) = \frac{\sin(\alpha t)}{\pi t} \tag{3.34}$$

などが用いられる．どの関数もパラメータによらず $(-\infty, \infty)$ の積分は 1 であり，理想的な状況（時間窓の大きさが 0 に近づく，画素の大きさが 0 に近づく），すなわち，$T \to 0$, $\sigma \to 0$, $\alpha \to \infty$ でデルタ関数に近づく．デルタ関数は，信

号の観測だけではなく，電気回路や制御工学の線形システム解析において重要な役割を持つ．

ルベーグ積分では，デルタ関数はすべての値が 0 となってしまうが，便宜上，デルタ関数の性質を利用してフーリエ変換を定義する[†2]．

$$\mathcal{F}[\delta(t)] = \int_{-\infty}^{\infty} \delta(t)\exp(-j\Omega t)dt = \exp(0) = 1 \tag{3.35}$$

すなわちデルタ関数をフーリエ変換すると Ω によらず 1 を取る関数となる．

矩形関数，ガウス関数，sinc 関数のフーリエ変換（式 (3.24)，(3.26)，(3.29)）とフーリエ変換の軸の伸縮に関する性質（式 (3.14)）より，これらの関数の幅を縮めていき，デルタ関数に近づけて行くと，それらのフーリエ変換の幅は大きくなっていき，定数関数 $X(\Omega) = 1$ へ近づいて行くことがわかる．

デルタ関数の逆フーリエ変換

次に周波数領域でのデルタ関数 $\delta(\Omega)$ の逆フーリエ変換を考えてみよう．定義に従えば，

$$\mathcal{F}^{-1}[\delta(\Omega)] = \frac{1}{2\pi} \tag{3.36}$$

となる．またフーリエ変換の性質（式 (3.13)）より，

$$\mathcal{F}^{-1}[\delta(\Omega - \Omega_0)] = \frac{1}{2\pi}\exp(-j\Omega_0 t) \tag{3.37}$$

$$\mathcal{F}^{-1}[\delta(\Omega - \Omega_0) + \delta(\Omega + \Omega_0)] = \frac{1}{2\pi}(\exp(-j\Omega_0 t) + \exp(j\Omega_0 t)) \tag{3.38}$$

$$= \frac{1}{\pi}\cos(\Omega_0 t) \tag{3.39}$$

となる．$\exp(-j\Omega_0 t)$ は複素正弦波と呼ばれ，実部や虚部がそれぞれ角周波数 Ω_0 を持つ余弦波，正弦波となる．直流信号 $x(t) = \frac{1}{2\pi}$ や正弦波，余弦波信号は面積有限でもエネルギー有限でもないが，便宜上，これらの式によりフーリエ変換が定義される．

デルタ関数のフーリエ変換とは逆に，時間領域での矩形関数やガウス関数の幅を広げて定数関数 $x(t) = \frac{1}{2\pi}$ に近づけて行けば，そのフーリエ変換は，周波数空間で幅が縮まっていきデルタ関数に近づいて行くことがわかる．

[†2] 正確な議論は超関数の枠組みで議論されるため，本書の内容を超える．

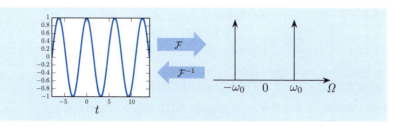

図 3.4 正弦波のフーリエ変換

デルタ関数列のフーリエ変換

次にデルタ関数が周期的に並んだ**周期デルタ関数**（**くし型関数**，**comb function**）$c(t)$ のフーリエ変換を考えてみよう（図 3.5）．周期デルタ関数は，信号処理において連続信号の標本化の記述に用いられる．

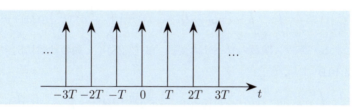

図 3.5 周期デルタ関数

周期 T の周期デルタ関数は，以下の式で与えられる．

$$c(t) = \sum_{n=-\infty}^{\infty} \delta(t - nT) \quad (3.40)$$

この関数もルベーグ積分の概念では，積分が 0 となってしまうが，便宜的にフーリエ変換が定義される．フーリエ変換の線形性と平行移動に関する性質，式 (3.10), (3.12) より，$c(t)$ のフーリエ変換は

$$\mathcal{F}[c(t)] = \sum_{n=-\infty}^{\infty} \exp(-jnT\varOmega) \quad (3.41)$$

となる．さらにポアソンの和公式[†3] を用いると周期が $\frac{2\pi}{T}$ の周期デルタ関数と

---

†3 導出，証明については本書の内容を超えるため参考文献[5] を参照されたい．

なる.

$$\mathcal{F}[c(t)] = \frac{2\pi}{T} \sum_{k=-\infty}^{\infty} \delta\left(\Omega - \frac{2\pi k}{T}\right) \tag{3.42}$$

ガウス関数のフーリエ変換とフーリエの反転公式

ガウス関数 (3.33) が $\sigma \to 0$ のとき，$\delta(t)$ となる性質を利用してフーリエの反転公式を導いてみよう．関数 $x(t)$ のフーリエ変換が $X(\Omega)$ で与えられるとき，関数

$$x_\sigma(t) = \frac{1}{2\pi} \int_{-\infty}^{\infty} \exp(j\Omega t) \exp\left(-\frac{1}{2}\sigma^2 \Omega^2\right) X(\Omega) d\Omega \tag{3.43}$$

を考える．$\sigma \to 0$ のとき，$x_\sigma(t)$ は $X(\Omega)$ の逆フーリエ変換に収束する．$X(\Omega) = \int_{-\infty}^{\infty} \exp(-j\Omega t) x(t) dt$ を代入すると，

$$x_\sigma(t) = \frac{1}{2\pi} \int_{-\infty}^{\infty} \int_{-\infty}^{\infty} \exp(-j\Omega(\tau - t)) \exp\left(-\frac{1}{2}\sigma^2 \Omega^2\right) d\Omega\, x(\tau) d\tau \tag{3.44}$$

である．ガウス関数のフーリエ変換（式 (3.28)）と軸の伸縮に関する性質（式 (3.14)）より，

$$\frac{1}{2\pi} \int_{-\infty}^{\infty} \exp(-j\Omega(\tau - t)) \exp\left(-\frac{1}{2}\sigma^2 \Omega^2\right) d\Omega = \frac{1}{\sqrt{2\pi\sigma^2}} \exp\left(-\frac{(\tau - t)^2}{2\sigma^2}\right) \tag{3.45}$$

を得る．式 (3.45) は，$K_\sigma(\tau - t)$ であり，$x_\sigma(t)$ は，$K_\sigma(t)$ と $x(t)$ の畳み込み

$$x_\sigma(t) = \int_{-\infty}^{\infty} K_\sigma(\tau - t) x(\tau) d\tau \tag{3.46}$$

で示される．$\sigma \to 0$ のとき，各 t において，$x_\sigma(t) = x(t)$ となることがわかる．すなわち，逆フーリエ変換は元の関数 $x(t)$ に一致する．

3.1.6 L^2 空間とヒルベルト空間

エネルギー有限な関数の全体集合 L^2 には，以下の自明なノルムと内積が導入できる．

$$\|x\|^2 = \int_{-\infty}^{\infty} |x(t)|^2 dt \tag{3.47}$$

$$\langle x, y \rangle = \int_{-\infty}^{\infty} x(t) \overline{y(t)} dt \tag{3.48}$$

前節の性質の1つである線形性を満たし，変換係数が有界であるような変換を有界線形作用素と呼ぶ．有界線形作用素の中で特に値域が$\mathbb{R}$や$\mathbb{C}$（の部分集合）となるものを線形汎関数と呼ぶ．フーリエ変換において，$\Omega = \Omega_0$と固定すれば，変換はL^2から複素数$\mathbb{C}$への線形汎関数と考えることができる．

リースの表現定理（Riesz representation theorem）

L^2 の任意の線形汎関数 F は，$c \in L^2$ を用いて

$$F(f) = \langle f, c \rangle, \qquad \forall f \in L^2 \tag{3.49}$$

と表すことができる．

証明は参考文献[6]を参照されたい．

$c_\Omega(t) = \exp(j\Omega t)$ とおけば，フーリエ変換は内積

$$X(\Omega) = \langle x, c_\Omega \rangle \tag{3.50}$$

で与えられることがわかる．3.1.4項の複素共役とパーセヴァルの公式は，内積が満たす性質であるため自明に示される．

3.1.7　2次元フーリエ変換

これまでは，1変数の時間信号 $x(t)$ のフーリエ変換について議論を行ってきた．画像信号は，(x, y) 座標が決まれば輝度値が決まる2次元信号であり，動画像はさらに時間次元が加わった3次元信号である．2次元信号に対するフーリエ変換を定義しよう．3次元以上の多次元についても同様に定義できる．

2次元フーリエ変換

2変数関数 $x(t_1, t_2) \in L^1(\mathbb{R}^2)$ について，

$$X(\Omega_1, \Omega_2) = \int_{-\infty}^{\infty} \int_{-\infty}^{\infty} x(t_1, t_2) \exp(-j(\Omega_1 t_1 + \Omega_2 t_2)) dt_1 dt_2 \tag{3.51}$$

を $x(t_1, t_2)$ のフーリエ変換と呼び，次の式が成立する．

$$x(t_1, t_2) = \frac{1}{(2\pi)^2} \int_{-\infty}^{\infty} \int_{-\infty}^{\infty} X(\Omega_1, \Omega_2) \exp(j(\Omega_1 t_1 + \Omega_2 t_2)) d\Omega_1 d\Omega_2 \tag{3.52}$$

3.1.4 項で紹介した性質は，2次元でも同様に成立する．畳み込み演算は

$$(x_1 * x_2)(t_1, t_2) = \int_{-\infty}^{\infty} \int_{-\infty}^{\infty} x_1(\tau_1, \tau_2) x_2(t_1 - \tau_1, t_2 - \tau_2) d\tau_1 d\tau_2 \quad (3.53)$$

となり，そのフーリエ変換は，

$$\mathcal{F}[(x_1 * x_2)(t_1, t_2)] = X_1(\Omega_1, \Omega_2) X_2(\Omega_1, \Omega_2) \quad (3.54)$$

で与えられる．ここで，$X_1(\Omega_1, \Omega_2)$, $X_2(\Omega_1, \Omega_2)$ はそれぞれ $x_1(t_1, t_2)$, $x_2(t_1, t_2)$ のフーリエ変換である．

2変数関数が分離可能な場合，すなわち，

$$x(t_1, t_2) = x_1(t_1) x_2(t_2) \quad (3.55)$$

の形に書けるとき，そのフーリエ変換は各関数のフーリエ変換 $X_1(\Omega_1)$, $X_2(\Omega_2)$ の積となる．

$$X(\Omega_1, \Omega_2) = X_1(\Omega_1) X_2(\Omega_2) \quad (3.56)$$

3.2 帯域制限関数

3.2.1 コンパクトサポート

関数 $x(t)$ に対して，$x(t) \neq 0$ となる t の集合を関数の台（サポート，**support**）と呼び，$\mathrm{supp}(x)$ で表す．

$$\mathrm{supp}(x) = \{t | x(t) \neq 0\} \tag{3.57}$$

関数の台が有界な閉集合，すなわち，$\mathrm{supp}(x)$ が閉集合でかつある実数 M が存在して $x(t) \neq 0$ となるならば，$-M \leq t \leq M$ となるとき，関数 $x(t)$ は**コンパクトサポート**（**compact support**）を持つという[†4]．

例えば，矩形関数（式 (3.32)）はコンパクトサポートを持つ．一方，ガウス関数（式 (3.33)）や sinc 関数（式 (3.34)）は $t \to \pm\infty$ で $x(t) = 0$ に収束するが，コンパクトサポートを持たない．

フーリエ変換とコンパクトサポートは以下の性質がある．関数 $x(t)$ と $X(\Omega)$ は恒等的に 0 でないとする．

- $x(t)$ がコンパクトサポートを持つとき，$X(\Omega)$ はコンパクトサポートを持たない．
- $X(\Omega)$ がコンパクトサポートを持つとき，$x(t)$ はコンパクトサポートを持たない．

略証を示そう．$x(t)$ が常に 0 でなく，と $X(\Omega)$ がコンパクトサポートを持つことを仮定する．$\Omega \notin [-\Omega_0, +\Omega_0]$ で $X(\Omega) = 0$ とすると，

$$x(t) = \frac{1}{2\pi} \int_{-\Omega_0}^{+\Omega_0} X(\Omega) \exp(j\Omega t) d\Omega \tag{3.58}$$

が成立する．区間 $[c, d]$ $(d > c)$ で $x(t) = 0$ であるならば $t_1 = \frac{c+d}{2}$ でその n 階導関数は，

$$\left. \frac{d^n}{dt^n} x(t) \right|_{t=t_1} = \frac{j^n}{2\pi} \int_{-\Omega_0}^{+\Omega_0} X(\Omega) \Omega^n \exp(j\Omega t_1) d\Omega = 0 \tag{3.59}$$

となる．ここで，

[†4] コンパクトという概念は有限次元空間では有界な閉集合と等価であるが，無限次元空間の場合には異なる．

$$x(t) = \frac{1}{2\pi} \int_{-\Omega_0}^{+\Omega_0} X(\Omega) \exp(j\Omega(t-t_1)) \exp(j\Omega t_1) d\Omega \qquad (3.60)$$

の $\exp(j\Omega(t-t_1))$ を式 (1.30) に従ってマクローリン展開すれば，

$$x(t) = \frac{1}{2\pi} \sum_{n=0}^{\infty} \frac{(j(t-t_1))^n}{n!} \int_{-\Omega_0}^{+\Omega_0} X(\Omega) \Omega^n \exp(j\Omega t_1) d\Omega \qquad (3.61)$$

となり，式 (3.59) の性質より $x(t) = 0$ となってしまうため，$x(t)$ が常に 0 でないという仮定に反する．

任意の実関数 $x(t)$ に対して，複素共役の性質より，$X(\Omega) = \overline{X(-\Omega)}$ が成り立つ．関数 $X(\Omega)$ がコンパクトサポートであり，$\Omega < -\Omega_0$，$\Omega_0 < \Omega$ の範囲で $X(\Omega) = 0$ となるとき，$X(\Omega)$ または $x(t)$ は $[-\Omega_0, \Omega_0]$ で**帯域制限（band limited）**されているという．第 4 章で説明する通り，帯域制限されている連続信号（実数上の関数）は標本化という操作を行うことで，情報を損失することなく，離散時間信号（無限点列，整数上の関数）として表現することができる．

3.2.2 ギブズ現象

L^1 や L^2 の信号 $x(t)$ は不連続点を含む場合もある．このような信号のフーリエ変換はコンパクトサポートを持たない．つまり，不連続点は無限大の周波数まで用いなければ表現することはできない．ここで無限大の周波数まで用いることなく，途中で打ち切った場合を考えてみよう．理想ローパスフィルタ $\mathbf{1}_\xi(\Omega)$ と信号のフーリエ変換の周波数領域での積は，時間領域では畳み込みとなる．$\phi_\xi(t) = \mathcal{F}^{-1}[\mathbf{1}_\xi] = \frac{\xi}{\pi}\mathrm{sinc}(\xi t)$，$x_\xi = \frac{\xi}{\pi}(x * \phi_\xi)(t)$ とすれば，L^2 ノルム（式 (3.47)）で測った x と x_ξ の誤差 $\|x - x_\xi\|$ は，ξ が大きくなれば 0 に収束する．しかし，L^∞ ノルム

$$\|x\|_\infty = \sup_{t \in \mathbb{R}} x(t) \qquad (3.62)$$

で定義されるノルムを使って誤差を測った場合，$\|x - x_\xi\|_\infty$ は ξ をいくら大きくしても 0 に収束しない．ここで sup は**上限（supremum）**を表し，$\sup A$ は，実数の部分集合 A の任意の要素 $a \in A$ に対し $a \leq x$ を満たす x の集合で，最小のものを表す[†5]．

[†5] A に最大値 $\max A$ が存在するときには上限と最大値は等しい．任意の実数の集合に対して上限は存在する．従って，最大値が存在しないとき（$A = \{a | 0 < a < 1\}$ のような場合）でも上限は存在する．

3.2 帯域制限関数

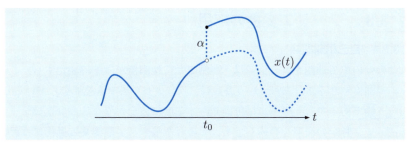

図 3.6　不連続点を持つ関数

これを調べるために，点 t_0 で不連続，それ以外では連続である関数 $x(t)$ を考える（図 3.6）．点 t_0 での不連続のギャップを $\alpha = \lim_{t \to +t_0} x(t) - \lim_{t \to -t_0} x(t)$ とすれば，$x(t)$ は連続である関数 $x_c(t)$ とステップ関数 $u(t)$ の和で表すことができる．

$$x(t) = x_c(t) + \alpha u(t - t_0) \tag{3.63}$$

$$u(t) = \begin{cases} 1 & (0 \le t) \\ 0 & (t < 0) \end{cases} \tag{3.64}$$

$x_\xi = \frac{\xi}{\pi}(x * \phi_\xi)(t) = \frac{\xi}{\pi}(x_c * \phi_\xi)(t) + \alpha \frac{\xi}{\pi}(u * \phi_\xi)(t - t_0)$ となる．$(x_c * \phi_\xi)(t)$ は，ξ が大きくなると各点で $x_c(t)$ に収束する．一方，

$$u * \phi_\xi(t) = \int_{-\infty}^{\infty} u(\tau) \frac{\sin(\xi(t-\tau))}{\pi(t-\tau)} d\tau = \int_{-\infty}^{\xi t} \frac{\sin \tau'}{\pi \tau'} d\tau' \tag{3.65}$$

である．これは $t = \frac{\pi}{\xi}$ で最大値，約 1.045 を取る．ξ が大きくなるとき，この最大値の値は変わらないが，最大値を取るときの t は t_0 にどんどん近づいて行く．このため，不連続点を含む関数は，L^1 や L^2 ノルムでは収束するが，L^∞ ノルムでは収束しない．これを**ギブズ現象**（**Gibbs phenomenon**）と呼ぶ．

3.3 フーリエ変換の応用

3.3.1 自己相関関数

この世の中で観測される信号は,観測ごとに観測値が微妙に変化する.これを不規則信号と呼ぶ.「あ」という音声は,人によって異なる波形をしているし,同一人物であっても,厳密には毎回観測する度に波形が異なる.コンピュータを使って,特定の波形を合成しても,その音を鳴らして観測する過程には,必ず確率的な雑音が紛れ込む.このような不規則信号を解析するために有用な方法が**自己相関関数**である.

自己相関関数

2 乗可積分な実数信号 $x(t)$ に対して定義される次の関数

$$r(\tau) = \int_{-\infty}^{\infty} x(t)x(t-\tau)dt \tag{3.66}$$

を自己相関関数と呼ぶ.

自己相関関数は,信号とそれを τ だけ平行移動させた信号との内積であると見ることができる.自己相関関数 $r(\tau)$ を見ることで,信号に内在する規則性を発見できる.規則性とは周期性のことに他ならず,これは周波数解析に類似しているだろうことが予測できる.自己相関関数には,次に挙げる性質がある.

(1) $|r(\tau)| \leq r(0)$
(2) $r(-\tau) = r(\tau)$
(3) $r(0) = \int_{-\infty}^{\infty} |x(t)|^2 dt$

1 つ目の性質からは,自己相関関数の最大値は $\tau = 0$ のときであることがわかる.これは,$\int_{-\infty}^{\infty} \{x(t-\tau) \pm x(t)\}^2 dt \geq 0$ が成り立つことから証明できる(コーシー-シュワルツの不等式).2 つ目の性質からは,自己相関関数の偶対称性がわかる.さらに,3 つ目の右辺は,電力と呼ばれる量である.電力が $r(0)$ でわかるということである.

フーリエ変換とは無関係に定義された自己相関関数であるが,実は,自己相関関数はフーリエ解析と密な関係がある.それが次の**ウィナー-ヒンチンの定理**である.

3.3 フーリエ変換の応用

ウィナー-ヒンチンの定理

信号 $x(t)$ のフーリエ変換を $X(\Omega)$ とする.このとき,

$$|X(\Omega)|^2 = \int_{-\infty}^{\infty} r(\tau)\exp(-j\Omega\tau)d\tau \tag{3.67}$$

が成立する.

ここで,$|X(\Omega)|^2 = X(\Omega)\overline{X(\Omega)}$ は電力スペクトル密度と呼ばれる量であり,信号のフーリエ変換で決まる.

例題 3.1

ウィナー-ヒンチンの定理を証明せよ(ヒント:フーリエ変換と畳み込みの性質を利用する).

【解答】いま $x(t)$ を時間反転した信号 $y(t) = x(-t)$ を定義する.このとき,時刻を τ と書くことにして,$x(\tau)$ と $y(\tau)$ の畳み込み

$$\begin{aligned}(x*y)(\tau) &= \int_{-\infty}^{\infty} x(\tau)y(\tau-t)dt \\ &= \int_{-\infty}^{\infty} x(\tau)x(t-\tau)dt\end{aligned}$$

は,式 (3.66) からわかる通り,まさしく自己相関関数である.また,$y(t) = x(-t)$ のフーリエ変換は

$$\begin{aligned}Y(\Omega) &= \int_{-\infty}^{\infty} y(t)\exp(-j\Omega t)dt = \int_{-\infty}^{\infty} x(-t)\exp(-j\Omega t)dt \\ &= \int_{-\infty}^{\infty} x(t)\exp(-j(-\Omega)t)dt = X(-\Omega)\end{aligned}$$

である.式 (3.17) の畳み込みの性質より,

$$\begin{aligned}\int_{-\infty}^{\infty} r(\tau)\exp(-j\Omega t)d\tau &= \int_{-\infty}^{\infty} (x*y)(\tau)\exp(-j\Omega t)d\tau \\ &= X(\Omega)Y(\Omega) = X(\Omega)X(-\Omega) \\ &= |X(\Omega)|^2\end{aligned}$$

である. □

自己相関関数の例として，信号の白色性について述べる．これは，工学的に応用範囲の非常に広い概念である．

> **白色性**
>
> 平均 0 の信号の自己相関関数 $r(\tau)$ がインパルス（デルタ関数の定数倍）であるとき，すなわち
>
> $$r(\tau) = \sigma^2 \delta(\tau)$$
>
> のとき，信号は白色であるという．ここで，σ^2 は定数である．

特に雑音が白色であるとき，これを**白色雑音**（**white noise**）と呼ぶ．雑音のモデルとして広く用いられている．

■ 例題 3.2

ある信号の自己相関関数が，$\sigma^2 \delta(\tau)$ であるとき，この信号の電力スペクトル密度を求めよ．

【解答】 ウィナー-ヒンチンの定理と，デルタ関数のフーリエ変換の式 (3.35) より

$$\mathcal{F}[r(\tau)] = \sigma^2 \mathcal{F}[\delta(\tau)] = \sigma^2 \qquad \square$$

自己相関関数を拡張したものが，**相互相関関数**であり，2 つの異なる信号 $x(t)$ と $y(t)$ の類似性を調べることができる．

> **相互相関関数**
>
> 2 乗可積分な実数信号 $x(t)$, $y(t)$ に対して定義される次の関数
>
> $$r_{xy}(\tau) = \int_{-\infty}^{\infty} x(t) y(t-\tau) dt \tag{3.68}$$
>
> を相互相関関数と呼ぶ．

相互相関関数が，$x(t)$ と $y(t)$ のそれぞれのフーリエ変換 $X(\Omega)$ と $Y(\Omega)$ との間に，次の関係

$$X(\Omega)\overline{Y(\Omega)} = \int_{-\infty}^{\infty} r_{xy}(\tau)d\tau \tag{3.69}$$

を持つことは明らかであろう．

不規則信号の厳密な取り扱いには，信号を確率的な量として取り扱う必要がある．ただし，これについては本書の範囲を超えるので，興味のある読者は確率過程や不規則信号に関する成書を参考にされたい．

3.3.2 システム伝達関数

入出力を持つ連続時間システムを考える（図 3.7）．入力 $x(t)$ があった場合の出力が $y(t) = L[x(t)]$ で与えられるとする．以下の2つの条件を満たすシステムを**線形時不変システム**（linear time invariant system）と呼ぶ．

(1) **線形性**：入力 $x_1(t), x_2(t)$ に対する出力が $y_1(t), y_2(t)$ であるとき，任意の実数 α, β について，$L[\alpha x_1(t) + \beta x_2(t)] = \alpha y_1(t) + \beta y_2(t)$ が成立する．

(2) **時不変性**：入出力の関係が時間によって変化しない．すなわち，任意の t_0 に対して，$L[x(t-t_0)] = y(t-t_0)$ が成立する．

図 3.7　線形時不変システム

デルタ関数 $\delta(t)$ を用いると，$L[\cdot]$ は時間 t の関数に対して変換を行うため，

$$y(t) = L[x(t)] \tag{3.70}$$

$$= L\left[\int_{-\infty}^{\infty} x(u)\delta(t-u)du\right] \tag{3.71}$$

$$= \int_{-\infty}^{\infty} x(u)L[\delta(t-u)]du \tag{3.72}$$

で表される．$h(t) = L[\delta(t)]$ とおき，これを**インパルス応答**（impulse response）と呼ぶ．$h(t)$ が与えられればどのような入力 $x(t)$ に対する出力も求められるため，線形時不変システムのすべての性質は，インパルス応答 $h(t)$ で表すことができる．

線形時不変システムに色々な周波数 $\omega_1, \omega_2, \ldots$ についての単一正弦波入力 $x(t) = \exp(j\omega_i t)$ を入力したときの出力信号の振幅や位相を調べてみよう．実際にシステムに周波数 $\omega_1, \omega_2, \ldots$ を持つ正弦波を入力して，出力信号の振幅，位相をグラフ用紙にプロットしていけばシステムの性質は記述できるであろう．しかし，システムが線形である（入出力が線形な関係を持つ）場合には，調べたい入力信号をすべて重ね合わせた入力に対する出力を調べれば，どのような入力に対する出力も求めることができる．さて，「調べたい入力信号をすべて重ね合わせた入力」とは何であろうか．すべての周波数成分を均一に持っており，さらに位相が0である信号がこの目的に合致する．すなわち，フーリエ変換が Ω によらず一定の 1（振幅が1で偏角が0の複素数）であるデルタ関数 $\delta(t)$ を入力としたときの出力を得ることで，線形システムのすべての情報を得ることができ，どのような入力に対する出力も計算できる．

線形時不変システムに単一複素正弦波入力 $x(t) = \exp(j\omega_i t)$ を入力すると

$$L[\exp(j\omega_i t)] = \int_{-\infty}^{\infty} \exp(j\omega_i u) h(t-u) du$$
$$= H(\omega_i) \exp(j\omega_i t)$$

となる．すなわち，入力 $\exp(j\omega_i t)$ に複素数 $H(\omega_i)$ がかけられ，出力される[†6]．この $H(\Omega)$ はインパルス応答 $h(t)$ のフーリエ変換である．$\Omega = \omega_i$ のときの絶対値 $|H(\omega_i)|$ は単一正弦波入力がどの程度増幅/抑制されて出力されるかを表し，偏角 $\arg H(\omega_i)$ は単一正弦波入力の位相がどの程度変化して出力されるかを表す．すなわち，$H(\Omega)$ の振る舞いが線形時不変システムの入出力関係をすべて記述している．インパルス応答 $h(t)$ のフーリエ変換 $H(\Omega)$ を **伝達関数**（**transfer function**）と呼び，その絶対値を取った関数 $|H(\Omega)|$ を **振幅特性**（**amplitude property**），偏角を取った関数 $\arg H(\Omega)$ を **位相特性**（**phase property**）と呼ぶ．これらは48ページの一般の信号の場合と名称が異なることに注意されたい．

[†6] このように，出力が入力のスカラー倍となるような入力をシステムの固有ベクトル（固有関数）と呼ぶ．単一複素正弦波は線形時不変システムの固有ベクトルである．

3.3.3 熱伝導方程式

2.4.2 項で扱った熱伝導方程式の問題をもう一度考えてみよう．2.4.2 項では有限長 L の棒を考え，両端に熱源が接している場合を考えた．ここでは，太さが無視できる程度に細く，長さが無限大の棒を考え，その座標を x $(-\infty < x < \infty)$ で表す．ある時刻 t での座標 x の温度を $u(x,t)$ で表す．

外部からの熱の出入りがないとすれば，直観的にわかる通り，温度の高い部分と低い部分があるときには，時間が経つにつれて均一な温度へ近づいて行く．ある点 x_0 の温度変化 $\frac{\partial u(x,t)}{\partial t}|_{x=x_0}$ は，x_0 近傍の平均温度と x_0 での温度の差に比例する．例えば，$x_0 - \Delta x$ の温度を 0 度に保ち，$x_0 + \Delta x$ の温度を 2 度に保ち続ければ，x_0 での温度は 1 度に近づいて行く．x_0 の温度が 1 度よりもずっと高い温度であれば急激に 1 度に近づくが，x_0 の温度が 1 度よりも少し高い温度であればゆっくり 1 度に近づく．

$$\frac{\partial u(x,t)}{\partial t} \simeq \alpha \left\{ \frac{1}{2\Delta x^2}(u(x_0 - \Delta x, t) + u(x_0 + \Delta x, t)) - 2u(x_0, t) \right\} \tag{3.73}$$

ここで，$\alpha > 0$ は物質によって決まる物理量であり，大きいほど熱の伝わりが速く，収束状態となるまでの時間が短い．Δx を 0 に近づければ，式 (2.58) に示した熱伝導方程式が得られる．

初期状態 $f(x) = u(x,0)$ が与えられたときの解を求めてみよう．フーリエ変換を適用するため，$|x| \to \infty$ では，$u(x,t) \to 0$, $\frac{\partial u(x,t)}{\partial x} \to 0$ とする．$u(x,t)$ の x についてのフーリエ変換は

$$U(\Omega, t) = \int_{-\infty}^{\infty} u(x,t) \exp(-j\Omega x) dx \tag{3.74}$$

であり，微分の性質（式 (3.19)）より，

$$\frac{\partial U(\Omega, t)}{dt} - \Omega^2 U(\Omega, t) = 0 \tag{3.75}$$

を得る．この微分方程式の解は，$U(\Omega, t) = \beta(\Omega)\exp(-\Omega^2 t)$ で与えられ，$f(x)$ のフーリエ変換を $F(\Omega)$ とすれば，初期条件より，$U(\Omega, 0) = \beta(\Omega) = F(\Omega)$ が得られる．これはガウス関数となっているため，式 (3.28) より，形式解はガウス関数と初期状態の畳み込み

$$u(x,t) = \frac{1}{2\sqrt{\pi t}} \int_{-\infty}^{\infty} \exp\left(-\frac{(x-y)^2}{4t}\right) f(y) dy \tag{3.76}$$

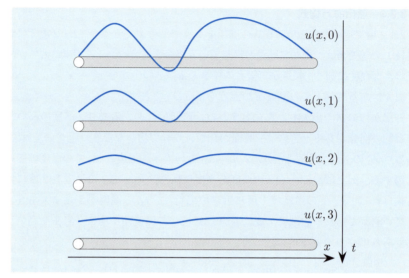

図 3.8 長さ無限の棒の熱伝導：外部からの熱の出入りがなければ時間が経つにつれて温度が均一に近づく

で与えられる．

式 (2.58) では，偏微分方程式は t と x に関する偏微分を含んでいるが，フーリエ変換の微分に関する性質を利用することにより，x に対応する周波数領域では式 (3.75) の t に関する常微分方程式に帰着される．この常微分方程式を解き，逆フーリエ変換を行うことで偏微分方程式の解を求めることができる．

3.3.4 確率密度関数と特性関数

確率論において，確率変数 X が値 x 以下となる確率 $P(X \leq x)$ を考える．例えば，明日の正午の気温を確率変数 X と考えれば，気温が 20 度以下になる確率 $P(X \leq 20)$ などを考えることができるであろう．これを x についての関数と見たとき，$F(x) = P(X \leq x)$ を確率分布関数（累積分布関数）と呼ぶ．$F(x)$ は単調増加関数であり，$F(-\infty) = 0, F(\infty) = 1$ を満たす．$F(x)$ に導関数 $p(x) = \frac{d}{dx} F(x)$ が定義できるとき，$p(x)$ を確率密度関数と呼ぶ．微小な Δx について確率変数 X が $x \leq X \leq x + \Delta x$ となる確率は，$p(x) \Delta x$ で近似される．

3.3 フーリエ変換の応用

確率密度関数のフーリエ変換を**特性関数**（**characteristic function**）と呼ぶ[†7]．

$$\phi(\Omega) = \int_{-\infty}^{\infty} p(x)\exp(j\Omega x)dx \qquad (3.77)$$

確率密度関数が存在しない場合においても，特性関数を定義することができることもある．

確率密度関数 $p(x)$ について，$E[X^n] = \int x^n p(x)dx$ を n 次モーメントと呼ぶ．ここで，E は期待値を表す．1 次モーメント $E[X]$ は平均であり，2 次モーメント $E[X^2]$ は分散 $V[X]$ と $E[X]^2$ の和 $E[X^2] = V[X] + E[X]^2$ という関係がある．同様に 3 次，4 次のモーメントは歪度，尖度と関連する．このようにモーメントは分布を特徴づける量である．モーメントの定義式 (3.77) を Ω で微分すると，フーリエ変換の微分の性質より，

$$\frac{d^n}{d\Omega^n}\phi(\Omega) = j^n \int_{-\infty}^{\infty} x^n p(x)\exp(j\Omega x)dx \qquad (3.78)$$

となり，$\Omega = 0$ を代入すれば $E[X^n] = j^{-n}\frac{d^n}{d\Omega^n}\phi(0)$ の関係が得られる．すなわち，特性関数が得られていれば，特性関数の微分からモーメントの値を求めることができる．

確率変数 X, Y の同時確率密度 $p(x,y)$ を考える．$p(x,y) = p(x)p(y)$ の関係が成立するとき，X, Y は独立である．確率変数 $Z = X + Y$ の特性関数を求めよう．X, Y が独立であれば，多変数関数のフーリエ変換の性質より，

$$\phi_Z(\Omega) = \int_{-\infty}^{\infty}\int_{-\infty}^{\infty} p(x,y)\exp(j(\Omega x + \Omega y))dxdy \qquad (3.79)$$
$$= \phi_X(\Omega)\phi_Y(\Omega) \qquad (3.80)$$

となる．ここで，$\phi_X(\Omega)$, $\phi_Y(\Omega)$ はそれぞれ X, Y の特性関数である．このように独立な確率分布の和の特性関数はそれぞれの特性関数の積となる．フーリエ変換の性質から，Z の確率密度関数は X, Y の確率密度関数の畳み込みで与えられる．

[†7] 特性関数の定義には $\exp(-j\Omega x)$ ではなく，$\exp(j\Omega x)$ が主に使われる．Ω の符号が反転すると考えれば，逆変換の符号も反転する．本質的には違いはない．

3 章 の 問 題

- **1** 式 (3.10), (3.11) を示せ.
- **2** 式 (3.12), (3.13) を示せ.
- **3** 式 (3.14) を示せ.
- **4** 式 (3.15) を示せ.
- **5** 式 (3.17), (3.18) を示せ.
- **6** 式 (3.19), (3.20) を示せ.
- **7** 式 (3.21) を示せ.
- **8** 式 (3.24), (3.26), (3.28) を示せ.
- **9** 式 (3.47) がノルムの公理
  - $\|x\| = 0 \iff x(t) = 0 \text{ for all } t$
  - $\|\alpha x\| = |\alpha| \|x\|$
  - $\|x + y\| \le \|x\| + \|y\|$

  を満たすことを示せ.

第4章

離散時間フーリエ変換

本章では離散信号のフーリエ変換について扱う．これまでと異なり，離散信号とは，関数の値が離散点においてのみ与えられている信号のことであり，ディジタル信号と呼ばれる場合もある[†1]．連続信号をそのまま処理するより，離散化することでコンピュータによる処理が可能になり，様々なことが実現できるようになった．この離散時間フーリエ変換は，工学における離散線形システムの設計に用いられるため，信号処理や制御工学など，適用分野が幅広い．

[†1] 正確には，ディジタル信号は，関数の値を有限の桁数で表現したものである．

- 4.1 離散時間フーリエ変換の定義
- 4.2 正規化角周波数
- 4.3 離散時間フーリエ変換の性質
- 4.4 離散時間フーリエ変換の応用

4.1 離散時間フーリエ変換の定義

いま離散時間信号 $x[n]$ が与えられているとする．n は整数である．便宜上 $x[n]$ を信号と呼んでいるが，無限数列と考えてもらって構わない．この $x[n]$ に対して，**離散時間フーリエ変換**は次のように定義される．

> **離散時間フーリエ変換**
>
> 信号 $x[n]$ に対して，
> $$X(e^{j\omega}) = \sum_{n=-\infty}^{\infty} x[n] \exp(-j\omega n) \tag{4.1}$$
> で定義される $X(e^{j\omega})$ を離散時間フーリエ変換と呼ぶ．
>
> また，信号が $x[n]$ が $n \geq 0$ で定義される場合，$x[n]$ は因果的であるといい，このとき
> $$X(e^{j\omega}) = \sum_{n=0}^{\infty} x[n] \exp(-j\omega n) \tag{4.2}$$
> を，片側離散時間フーリエ変換と呼ぶ．

定義からわかるように，$X(e^{j\omega})$ は ω が実数値をとる関数である．ここで，ω を正規化角周波数と呼び，単位は rad（ラジアン）である．さらに，$X(e^{j\omega})$ は周期 2π を持つ周期関数である．このことは，

$$\begin{aligned}
X(e^{j(\omega+2\pi)}) &= \sum_{n=-\infty}^{\infty} x[n] \exp(-j(\omega+2\pi)n) \\
&= \sum_{n=-\infty}^{\infty} x[n] \exp(-j\omega n) \exp(-j(2\pi)n) \\
&= \sum_{n=-\infty}^{\infty} x[n] \exp(-j\omega n) \\
&= X(e^{j\omega})
\end{aligned}$$

から理解できる．ここで，$\exp(-j(2\pi)n) = 1$ を用いているが，もし，このことを理解できない読者は，第 1 章をもう一度読んでいただきたい．

ところで，$X(e^{j\omega})$ は ω の関数なのだから $X(\omega)$ と書いてもよさそうなもの

であるが，$X(e^{j\omega})$ のように書いておくと第6章で扱う z 変換と相性がよい．また，このように書いておくと，$X(e^{j\omega})$ が 2π 周期であることが一目でわかるため，本書でもこの表記を用いている．

なお，$x[n]$ はどのような信号でもよいわけではなく，2乗の総和が発散しないこと（$\sum_{n=-\infty}^{\infty} |x[n]|^2 < \infty$）が条件である．ただ，この条件を満たさない信号を現実に見つけることは難しいので，あまり気にする必要はないだろう．さらに，$x[n]$ は複素数でも構わないが，本書では簡単のため $x[n]$ は実数値のみを取ることにする．

次に逆変換である．$X(e^{j\omega})$ が与えられたとき，$x[n]$ を得るには次のようにすればよい．

離散時間フーリエ逆変換

離散時間フーリエ変換 $X(e^{j\omega})$ に対して，その逆変換は
$$x[n] = \frac{1}{2\pi} \int_{-\pi}^{\pi} X(e^{j\omega}) \exp(j\omega n) d\omega \tag{4.3}$$
で与えられる．

この式の持つ意味について，もうすこし深く考察してみよう．ここで，$\exp(j\omega n)$ は，正規化角周波数 ω [rad] を持つ離散複素正弦波 $\cos(\omega n) + j\sin(\omega n)$ のことである．これにある複素数 $X(e^{j\omega})$ がかけられて，それが $-\pi$ から π にわたって積分されているのである．これは，任意の離散信号が，様々な周波数を持つ複素正弦波の「線形和」となっていることを示している．「$\exp(j\omega n)$ が $X(e^{j\omega})$ 倍されたもの」について，もう少し突っ込んで理解してみよう．いま，$X(e^{j\omega})$ の偏角を簡単のため

$$\theta(\omega) = \arg X(e^{j\omega})$$

と定義しておこう．このとき，離散時間フーリエ変換の複素数表示は

$$X(e^{j\omega}) = |X(e^{j\omega})| \exp\left(j\theta(\omega)\right)$$

である．従って，「$\exp(j\omega n)$ が $X(e^{j\omega})$ 倍されたもの」は，

$$X(e^{j\omega}) \exp(j\omega n) = |X(e^{j\omega})| \exp\left(j(\omega + \theta(\omega))\right)$$

である．これを，「複素正弦波 $\exp(j\omega n)$ が $|X(e^{j\omega})|$ 倍されて位相が $\theta(\omega)$ だけ

遅れたもの」と呼んだりする．後に触れる離散時間フーリエ変換の対称性（式 (4.6),(4.7),(4.8)）と，オイラーの公式 $\exp(j\theta) + \exp(-j\theta) = 2\cos\theta$ を用いて，式 (4.3) を以下のように書き下すと，その意味は一層明確になる．すなわち，

$$\begin{aligned}
x[n] &= \frac{1}{2\pi}\int_{-\pi}^{\pi} X(e^{j\omega})\exp(j\omega n)d\omega \\
&= \frac{1}{2\pi}\int_{0}^{\pi} \left\{X(e^{j\omega})\exp(j\omega n) + X(e^{-j\omega})\exp(-j\omega n)\right\}d\omega \\
&= \frac{1}{2\pi}\int_{0}^{\pi} |X(e^{j\omega})|\left(\exp(j(\omega n + \theta(\omega))) + \exp(j(-\omega n + \theta(-\omega)))\right)d\omega \\
&= \frac{1}{2\pi}\int_{0}^{\pi} |X(e^{j\omega})|\left(\exp(j(\omega n + \theta(\omega))) + \exp(-j(\omega n + \theta(\omega)))\right)d\omega \\
&= \frac{1}{\pi}\int_{0}^{\pi} |X(e^{j\omega})|\cos\left(\omega n + \theta(\omega)\right)d\omega
\end{aligned}$$

となる．最後の式からわかることは，任意の離散信号というものが，振幅 $|X(e^{j\omega})|$ の離散正弦波 $\cos(\omega n)$ が $\theta(\omega)$ だけ平行移動しているものの線形和になっている，ということである．複素正弦波のイメージがつかないうちは，こちらのコサインによる表現の方がしっくり来るだろう．

ここで，実際の数値を用いた例を見てみよう．離散信号 $x[n]$ は，$n = 0, 1, 2, 3$ のみで値を持ち，その値はすべて $x[n] = 1$，それ以外の n に対しては $x[n] = 0$ であるとしよう．このとき，次のような記法

$$x = (\underline{1}, 1, 1, 1)$$

を用いて有限長の信号を表記することがある．ここで下線を振った数値は，$n = 0$ に対応する．以後もこのルールで信号を表現する．このとき，離散時間フーリエ変換は，

$X(e^{j\omega})$
$= 1\exp(-j\omega \cdot 0) + 1\exp(-j\omega \cdot 1) + 1\exp(-j\omega \cdot 2) + 1\exp(-j\omega \cdot 3)$
$= 1 + \exp(-j\omega) + \exp(-j2\omega) + \exp(-j3\omega)$
$= \exp\left(-j\frac{3\omega}{2}\right)\left(\exp\left(j\frac{3\omega}{2}\right) + \exp\left(j\frac{\omega}{2}\right) + \exp\left(-j\frac{\omega}{2}\right) + \exp\left(-j\frac{3\omega}{2}\right)\right)$
$= 2\left\{\cos\left(\frac{3\omega}{2}\right) + \cos\left(\frac{\omega}{2}\right)\right\}\exp\left(-j\frac{3\omega}{2}\right)$

4.1 離散時間フーリエ変換の定義

となる．ここでは，オイラーの公式 $\exp(j\theta) + \exp(-j\theta) = 2\cos\theta$ を用いた．なお，$X(e^{j\omega}) = 1 + \exp(-j\omega) + \exp(-j2\omega) + \exp(-j3\omega)$ のままでも構わないが，最終行は**極座標表示**による表現である．

■ 例題 4.1

$X(e^{j\omega}) = 1 + \exp(-j\omega) + \exp(-j2\omega) + \exp(-j3\omega)$ から，逆変換によって元の信号を求めよ．

【解答】

$$
\begin{aligned}
x[n] &= \frac{1}{2\pi} \int_{-\pi}^{\pi} (1 + \exp(-j\omega) + \exp(-j2\omega) + \exp(-j3\omega)) \exp(j\omega n) d\omega \\
&= \frac{1}{2\pi} \int_{-\pi}^{\pi} \sum_{k=0}^{3} \exp(j\omega(n-k)) d\omega \\
&= \frac{1}{2\pi} \sum_{k=0}^{3} \left[\frac{1}{j(n-k)} \exp(j\omega n) \right]_{-\pi}^{\pi} \\
&= \frac{1}{\pi} \sum_{k=0}^{3} \frac{\exp(j\pi(n-k)) - \exp(-j\pi(n-k))}{j2(n-k)} \\
&= \sum_{n=0}^{3} \frac{\sin \pi(n-k)}{\pi(n-k)} \\
&= \begin{cases} 1 & (n = 0, 1, 2, 3) \\ 0 & (\text{それ以外}) \end{cases}
\end{aligned}
$$

となる．すなわち

$$x = (\underline{1}, 1, 1, 1)$$

を得る．最後の行は，

$$\frac{\sin x}{x} = \begin{cases} 1 & (x = 0) \\ 0 & (x \neq 0) \end{cases}$$

なる関係を使っている．このように，逆変換を用いることで，離散時間フーリエ変換から元の信号が得られることを確認できる． □

4.2 正規化角周波数

前節で，離散時間フーリエ変換は正規化角周波数 ω [rad] の関数であることを述べた．ここで，正規化角周波数とは何か，もう少し詳しく触れておこう．

いま離散時間信号 $x[n]$ は，連続信号 $x(t)$ から飛び飛びの値を取ったものとする．この操作を**サンプリング**（**標本化**）と呼ぶ．つまりサンプリングとは，一定時間間隔で $x(t)$ の値を記録し，値の列（数列）にする操作のことを指す．もう少し具体的に論じよう．時間間隔を T_s [sec] とするとき，$t = \ldots, -T_s, 0, T_s, 2T_s, 3T_s, \ldots, nT_s, \ldots$ に対応する信号値 $\ldots, x(-T_s), x(0), x(T_s), x(2T_s), \ldots, x(nT_s), \ldots$ を考える．この時刻 $t = nT_s$ のことをサンプル点と呼び，T_s を**サンプリング周期**と呼ぶ．また，T_s の逆数 $F_s = \frac{1}{T_s}$ [Hz] を**サンプリング周波数**と呼ぶ．それぞれのサンプル点における信号値 $x(nT)$ のことをサンプル値とか単にサンプルと呼ぶ．サンプリング周期が決まれば，「何番目のサンプル点か」が本質であるから，$x[n] = x(nT)$ で信号を表し，$x[n]$ を離散時間信号と呼ぶのである．

以上の準備の下に，**正規化角周波数**を定義する．

> **正規化角周波数**
>
> 連続正弦波の角周波数を Ω [rad/sec] であるとする．この正弦波をサンプリング周期 T_s [sec] でサンプリングするとする．このとき，改めて
>
> $$\omega = \Omega T_s \ [\text{rad}] \tag{4.4}$$
>
> なる量を定義し，これ正規化角周波数と呼ぶ．

この他に，サンプリング周波数 F_s [Hz] を用いれば，

$$\omega = 2\pi \frac{f}{F_s} \ [\text{rad}] \tag{4.5}$$

と表現もできる．ここで，f [Hz] は連続正弦波の周波数であり，$f = 2\pi\Omega$ なる関係がある．

正規化角周波数は，サンプリング周期 T_s [sec] の間に回転する角度と考えればよい．そう考えると，サンプリング周期は気を付けて決めないといけないことがわかるであろう．例えばいま，角周波数が 20π [rad/sec]（10 Hz），180π

[rad/sec]（90 Hz），そして 140π [rad/sec]（70 Hz）の 3 種類の正弦波がある とする．それぞれをサンプリング周期 $T_s = 0.0125 = \frac{1}{80}$ sec（サンプリング周波数 $F_s = 80$ Hz）でサンプリングしてみよう．このとき，正規化各周波数はそれぞれ $\omega = \Omega T_s$ より，$\frac{\pi}{4}$ [rad], $\frac{9\pi}{4}$ [rad], $\frac{7\pi}{4}$ [rad] である．しかし，回転角の意味では，$\frac{\pi}{4}$ [rad] も $\frac{9\pi}{4}$ [rad] も全く同じことである．つまり 10 Hz と 90 Hz の区別が付かない．また，$\frac{7\pi}{4}$ [rad] は $-\frac{\pi}{4}$ [rad] と等価である．つまり，70 Hz と -10 Hz の区別を付けることができない．ここで，-10 Hz とは，10 Hz の信号を複素表示したとき，正弦成分を正負反転させた信号である[†2]．結局，連続正弦波の周波数を一意に決めるためには，正規化角周波数が $0 \leq \omega \leq \pi$ [rad] の間に入るようにサンプリング周期を決めなくてはならない．つまり，正弦波の角周波数 Ω に対して，

$$T_s \leq \frac{\pi}{\Omega} \text{ [sec]}$$

でサンプリングしなくてはならない．このことを，周波数 f を用いて表現したものは，**サンプリング定理**として広く知られている．

サンプリング定理（サンプリング周波数の選択）

周波数 f の正弦波を一意に表現するためには

$$F_s \geq 2f \text{ [Hz]}$$

でサンプリングする必要がある．

ディジタルオーディオの代表的なメディアである CD（コンパクトディスク）の規格では，サンプリング周波数が $F_s = 44100$ Hz と決められている．これは，人間の可聴域の上限がだいたい $f = 20000$ Hz であることによる．サンプリング定理を満たしていることがわかるだろう．

[†2] 負の周波数 $-f$ が正負反転した（逆位相を持つという）信号であることは，三角関数の簡単な公式

$$\sin(2\pi(-f)t) = -\sin(2\pi f t)$$

から理解できるだろう．

4.3 離散時間フーリエ変換の性質

離散時間フーリエ変換の様々な性質について見てゆこう．特に断りがない限り，信号 $x[n]$ の離散時間フーリエ変換を $X(e^{j\omega})$ の様に，信号の記号に対して大文字で表現することにする．

4.3.1 線形性

最も基本的な性質である．

> **離散時間フーリエ変換の線形性**
>
> α と β を定数とする．このとき，$\alpha x[n] + \beta y[n]$ の離散時間フーリエ変換は $\alpha X(e^{j\omega}) + \beta Y(e^{j\omega})$ である．

4.3.2 対称性

$x[n]$ が実数であれば，ω の正負について次の関係が得られる．

> **離散時間フーリエ変換の対称性**
>
> 信号 $x[n]$ が実数であれば，
> $$X(e^{-j\omega}) = \overline{X(e^{j\omega})} \tag{4.6}$$
> が成り立つ．

この関係は，

$$X(e^{-j\omega}) = \sum_{n=-\infty}^{\infty} x[n]\exp(-j(-\omega)n) = \sum_{n=-\infty}^{\infty} x[n]\overline{\exp(-j\omega n)}$$
$$= \overline{\sum_{n=-\infty}^{\infty} x[n]\exp(-j\omega n)} = \overline{X(e^{j\omega})}$$

のように示すことができる．特に $X(e^{j\omega})$ を極座標表示

$$X(e^{j\omega}) = |X(e^{j\omega})|\exp(j\theta(\omega))$$

する場合を考えよう．ここで，$\theta(\omega)$ は $X(e^{j\omega})$ の偏角を表している．式 (4.6) から，次のことがわかる．

4.3 離散時間フーリエ変換の性質

─ 振幅特性・位相特性の対称性 ─────────────

信号 $x[n]$ の離散時間フーリエ変換を $X(e^{j\omega}) = |X(e^{j\omega})| \exp(j\theta(\omega))$ のように極座標表示するとき，特に $|X(e^{j\omega})|$ を振幅特性，$\arg X(e^{j\omega})$ を位相特性と呼び，それぞれについて以下の対称性が成り立つ．

$$|X(e^{-j\omega})| = |X(e^{j\omega})| \tag{4.7}$$

$$\theta(-\omega) = -\theta(\omega) \tag{4.8}$$

この関係は式 (4.6) から明らかであろう．

4.3.3 時間シフト

信号 $x[n]$ を正の方向に k サンプルだけシフトさせた信号 $x[n-k]$ の離散時間フーリエ変換は次のように与えられる．

─ 時間シフト ─────────────

信号 $x[n-k]$ の離散時間フーリエ変換は $\exp(-j\omega k) X(e^{j\omega})$ で与えられる．

このことは，次のように示すことができる．

$$\sum_{n=-\infty}^{\infty} x[n-k]\exp(-j\omega n) = \sum_{m=-\infty}^{\infty} x[m]\exp(-j\omega(m+k))$$

$$= \exp(-j\omega k) \sum_{m=-\infty}^{\infty} x[m]\exp(-j\omega m)$$

$$= \exp(-j\omega k) X(e^{j\omega})$$

ここで，変数変換 $m = n - k$ を用いた．

応用上重要なものは，離散時間フーリエ変換 $X(e^{-j\omega})$ が与えられたとき，これに $\exp(-j\omega\tau)$ を乗じたもの $\exp(-j\omega\tau) X(e^{-j\omega})$ である．ここで，τ が整数である必要はない．このとき，$\exp(-j\omega\tau) X(e^{-j\omega})$ は「$x[n]$ を実数 τ だけシフトしたもの」を表していると考えられるが，$x[n]$ は離散信号なので $n-\tau$ に対応する $x[n-\tau]$ は定義されていない．ここでは詳細を省くが，$\exp(-j\omega\tau) X(e^{-j\omega})$ を離散時間フーリエ逆変換したものは，サンプリング定理を満たすようにサン

プリングをした信号 $x[n]$ を，サンプリングする以前の連続時間信号 $x(t)$ について τT_s だけシフトしたもの $x(t - \tau T_s)$ を T_s で再サンプリングしたものになる．

4.3.4 周波数シフト（変調）

複素正弦波 $\exp(j\alpha n)$ を $x[n]$ に乗ずると，周波数領域でシフトが起きる．

周波数シフト（変調）

$\exp(j\alpha n)x[n]$ の離散時間フーリエ変換は $X(e^{j(\omega - \alpha)})$ である．

通信工学では，周波数シフトのことを変調と呼んでいる．これは，以下のように示すことができる．

$$\sum_{n=0}^{\infty} \exp(j\alpha n) x[n] \exp(-j\omega n)$$
$$= \sum_{n=0}^{\infty} x[n] \exp(-j(\omega - \alpha)n) = X(e^{j(\omega - \alpha)})$$

■ 例題 4.2

$\cos(\alpha n)x[n]$ の離散時間フーリエ変換を求めよ．

【解答】オイラーの公式 $\cos(\alpha n) = \frac{1}{2}(\exp(j\alpha n) + \exp(-j\alpha n))$ を用いる．線形性により，離散時間フーリエ変換は

$$\frac{1}{2}(X(e^{j(\omega - \alpha)}) + X(e^{j(\omega + \alpha)}))$$

となる．　□

4.3.5 畳み込み

いま 2 つの信号 $x_1[n]$ と $x_2[n]$ があるとする．これら 2 つの信号に，次のような演算を定義できる．

4.3 離散時間フーリエ変換の性質

―― 畳み込み ――――――――――――――――――――――

信号 $x_1[n]$ と $x_2[n]$ に対して，演算

$$y[n] = \sum_{k=-\infty}^{\infty} x_1[k]x_2[n-k] \qquad (4.9)$$

を畳み込みと呼ぶ．畳み込みは，演算子 $*$ を用いて $y[n] = (x_1 * x_2)[n]$ と表記する．

畳み込みは交換可能な演算子で，$y[n] = (x_1 * x_2)[n] = (x_2 * x_1)[n]$ が成り立つ．この畳み込みは，離散時間フーリエ変換の意味で積の演算になることが重要である．

―― 畳み込みの離散時間フーリエ変換 ―――――――――――

信号 $x_1[n]$, $x_2[n]$ の離散時間フーリエ変換をそれぞれ $X_1(e^{j\omega})$, $X_2(e^{j\omega})$ とする．このとき，畳み込み $y[n] = (x_1 * x_2)[n]$ の離散時間フーリエ変換 $Y(e^{j\omega})$ は

$$Y(e^{j\omega}) = X_1(e^{j\omega})X_2(e^{j\omega}) \qquad (4.10)$$

で与えられる．

このことは，変数変換によって証明できる．すなわち，

$$\sum_{n=-\infty}^{\infty} y[n]\exp(-j\omega n)$$

$$= \sum_{n=-\infty}^{\infty} \left(\sum_{k=-\infty}^{\infty} x_1[k]x_2[n-k] \right) \exp(-j\omega n)$$

$$= \sum_{m=-\infty}^{\infty} \sum_{k=-\infty}^{\infty} x_1[k]x_2[m]\exp(-j\omega(m+k))$$

$$= \left(\sum_{k=-\infty}^{\infty} x_1[k]\exp(-j\omega k) \right) \left(\sum_{m=-\infty}^{\infty} x_2[m]\exp(-j\omega m) \right)$$

$$= X_1(e^{j\omega})X_2(e^{j\omega})$$

となるが，ここでは変数変換 $m = n - k$ を用いている．

4.4　離散時間フーリエ変換の応用

今一度，離散時間フーリエ変換の逆変換の式 (4.3) を眺めてみよう：

$$x[n] = \frac{1}{2\pi} \int_{-\pi}^{\pi} X(e^{j\omega}) e^{j\omega n} d\omega.$$

先述した通り，この式は，正規化角周波数 ω [rad] の複素正弦波が複素数 $X(e^{j\omega})$ 倍だけ含まれている，ということを意味している．

離散時間フーリエ変換は，**ディジタルフィルタ**の設計に欠かすことができない．フィルタとは，信号から雑音を取り除いたりする場合に用いられる線形システムの一種である．何らかの信号（音声など）を観測すると，多くの場合不必要な雑音が含まれており，それらは高い周波数の正弦波だったりする．これらの成分を取り除くシステムが**フィルタ**であり，対象が離散信号の場合，ディジタルフィルタと呼んでいる．

多少天下り的であるが，離散信号を処理するために広く用いられるシステムが，**因果的線形時不変システム**である．

> **因果的線形時不変システム**
>
> 信号 $x[n]$ に対して，以下の畳み込みが与えられているとする．
>
> $$y[n] = \sum_{k=0}^{\infty} h[k] x[n-k] \tag{4.11}$$
>
> この演算は，因果的線形時不変システムと呼ばれ，$n \geq 0$ で定義される数列 $h[n]$ はインパルス応答と呼ばれる．

ここで，$x[n]$ を特にシステムの入力，$y[n]$ をシステムの出力と呼ぶ．また，$h[n]$ を**インパルス応答**と呼ぶ．インパルス応答 $h[n]$ が $n \geq 0$ においてのみ値を持つことを因果的であると呼んでいる．システムが因果的な場合，出力を得るために未来の入力を必要としない．例えば $y[3]$ を得るために，$x[4]$ を必要としない．つまり，因果性は，現実世界でシステムを構築する際には，必要不可欠な条件である．

ここで，式 (4.11) における $y[n]$ の離散時間フーリエ変換 $Y(e^{j\omega})$ を求めると，

$$Y(e^{j\omega}) = H(e^{j\omega}) X(e^{j\omega}) \tag{4.12}$$

4.4 離散時間フーリエ変換の応用

となる．ここで，$H(e^{j\omega})$ は，インパルス応答 $h[n]$ の離散時間フーリエ変換である．$h[n]$ または $H(e^{j\omega})$ はシステムの特性を決めるパラメータである．例えば，

$$H(e^{j\omega}) = \begin{cases} 1 & (-\omega_0 \leq \omega \leq \omega_0) \\ 0 & (-\pi \leq -\omega_0,\ \omega_0 \leq \pi) \end{cases} \tag{4.13}$$

と定めると，出力 $y[n]$ は，入力 $x[n]$ が持つ ω_0 以上の成分をすべて取り除いたものとなる．この $H(e^{j\omega})$ をシステムの**所望特性**と呼ぶ．$H(e^{j\omega})$ は，離散時間フーリエ変換の対称性を保持するように，正負で対称に定めてある．このようなシステムは，低い周波数の成分だけ保持するため，**ローパスフィルタ**と呼ばれている．

実際には，式 (4.11) で出力 $y[n]$ を得るため，具体的に $h[n]$ を求めなくてはならない．これを**フィルタ設計**と呼ぶ．そこで，$H(e^{j\omega})$ の逆変換を計算してみよう．式 (4.3) に従えば，

$$\begin{aligned} h[n] &= \frac{1}{2\pi} \int_{-\pi}^{\pi} H(e^{j\omega}) \exp(j\omega n) d\omega \\ &= \frac{1}{2\pi} \int_{-\omega_0}^{\omega_0} \exp(j\omega n) d\omega \\ &= \frac{1}{2\pi} \left[\frac{1}{jn} \exp(j\omega n) \right]_{-\omega_0}^{\omega_0} \\ &= \frac{1}{2\pi} \frac{1}{jn} (\exp(j\omega_0 n) - \exp(-j\omega_0 n)) \\ &= \frac{\omega_0}{\pi} \frac{\sin \omega_0 n}{\omega_0 n} \end{aligned}$$

を得る．ここで，オイラーの公式 $\exp(j\theta) - \exp(-j\theta) = j2\sin\theta$ を使っている．最後の式のように，ω_0 を通分していない形にした理由は，$n=0$ で $h[0] = \frac{\omega_0}{\pi}$ となることを強調するためである．このようにして得られたインパルス応答 $h[n]$ であるが，n の範囲は $-\infty$ から ∞ である．つまり，畳み込みは無限和の演算となり，現実には実現できない．そこで，$-N \leq n \leq N$ の範囲だけを用いることにし，後は 0 とする．このとき，インパルス応答は $2N+1$ 個のサンプルを持つことになる．もう 1 つの問題は，このシステムは因果的でないということである．これを解決するには，切り出したインパルス応答を N 点だけ平行移動すればよい．従って，最終的に設計したローパスフィルタのインパルス応答は，

$$\tilde{h}[n] = \begin{cases} \frac{\omega_0}{\pi} \frac{\sin \omega_0(n-N)}{\omega_0(n-N)} & (n = 0, \ldots, 2N) \\ 0 & (n < 0, n > 2N) \end{cases}$$

となる．このインパルス応答を図 4.1 に示している．また，この離散時間フーリエ変換 $\tilde{H}(e^{j\omega})$ は，式 (4.13) で与えた理想の特性 $H(e^{j\omega})$ の近似になっている．そこで，実際に振幅特性を $|H(e^{j\omega})|$ と $N = 50$ のときの $|\tilde{H}(e^{j\omega})|$ で比較したものが図 4.1 である．設計したフィルタが，所望特性をよく近似している様子がわかる．

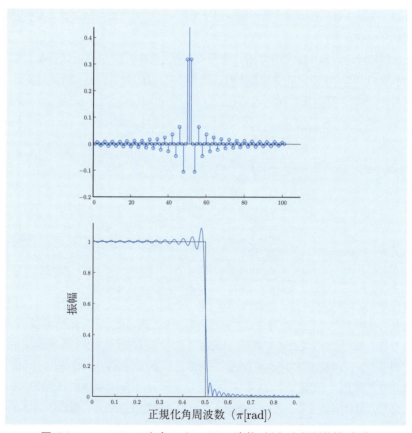

図 4.1 $\omega_0 = 0.5\pi$ のときのインパルス応答（上）と振幅特性（下）

4 章 の 問 題

☐ **1** 時刻 $n \geq 0$ で定義される次の信号の離散時間フーリエ変換を求めよ．
  (1)　$x = (\underline{1}, -1, 1, -1)$
  (2)　$x[n] = r^n n$ ただし r は任意の定数で，$|r| < 1$ を満たす．

☐ **2** $x[n]$ の離散時間フーリエ変換が $X(e^{j\omega})$ であるとき，次の離散時間フーリエ変換を求めよ．
  (1)　$(-1)^n x[n]$
  (2)　$\sin(\alpha n) x[n]$

第5章

離散フーリエ変換

　連続信号や無限点の離散時間信号を，計算機で扱うことは難しい．有限点の離散時間上の関数ならば，配列として計算機で扱うことができるため，様々な処理が可能である．実際，音声や振動の解析，画像処理などは，有限点の離散時間上の関数として，計算機で扱っている．この有限点の離散時間上の関数の周波数解析が，本章で扱う離散フーリエ変換である．実データを処理する場合には非常に大切であるため，しっかりと理解する必要がある．

> 5.1　離散フーリエ変換の定義
> 5.2　巡回畳み込み公式
> 5.3　高速フーリエ変換
> 5.4　離散コサイン変換とその応用

5.1 離散フーリエ変換の定義

第5章では，正の整数 N に対して，N 点の離散点 $n = 0, 1, 2, \ldots, N-1$ 上で定義された関数，または，整数点上で定義された周期 N の**周期関数**（**periodic function**）を扱う．

周期 N の周期関数

$$f[n+N] = f[n] \tag{5.1}$$

後者の周期関数の場合も，連続する N 点上の関数の値が決まれば，すべての整数点上の関数値が決まることになる．例えば，$n = 0, 1, 2, \ldots, N-1$ 上で定義された関数 $f[n]$ を周期関数 $\tilde{f}[n]$ に拡張するときは，

$$\tilde{f}[n] = f[n \,(\mathrm{mod}\, N)] \tag{5.2}$$

で定義すればよい．ここで，$n \,(\mathrm{mod}\, N)$ は，n を N で割った余りを表す．逆に，後者から前者へ対応は定義域を制限するだけであるから，この2種類の関数には1対1の対応関係がある．そのため，一般に両者を同一視して扱う．

離散時間上の複素正弦波（complex sinusoidals）$\exp(j\omega n)$ が，周期 N の周期関数となるための必要十分条件は，整数 m に対して，$\omega = 2\pi \frac{m}{N}$ が成立することである．この関数を，$\phi_m[n]$ で表す．

離散時間上の複素正弦波（周期 N）

$$\begin{aligned}
\phi_m[n] &= \frac{1}{\sqrt{N}} \exp\left(j 2\pi \frac{m}{N} n\right) \\
&= \frac{1}{\sqrt{N}} \cos\left(2\pi \frac{m}{N} n\right) + \frac{j}{\sqrt{N}} \sin\left(2\pi \frac{m}{N} n\right)
\end{aligned} \tag{5.3}$$

関数にかけられている $\frac{1}{\sqrt{N}}$ は，$\phi_m[n]$ のエネルギー $\sum_{n=0}^{N-1} |\phi_m[n]|^2$ を 1 に正規化するための係数である．

5.1 離散フーリエ変換の定義

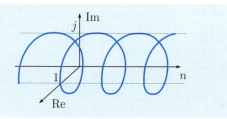

図 5.1 n を連続値としたときの複素正弦波 ($\omega > 0$)

波と呼ばれる理由は，グラフで書くと，実部および虚部がそれぞれ離散点ではあるが波のような形をしているためである．虚部，実部，n の 3 つの軸で書けば，そのグラフは n 軸方向に伸びる螺旋になる．ω が正の場合と負の場合で，螺旋の旋回方向が逆になっている．図 5.1 が，$\omega > 0$ のときの n を連続値としたときの複素正弦波 $\exp(j\omega n)$ である．実際は n は離散点上で定義されるため，螺旋の離散点だけ，すなわち点線で表されたグラフになる．

データがサンプリング周期 T_s [sec] でサンプリングされたもののとき，$\phi_m[n]$ が表す正弦波の実時間上での周波数は，$\frac{m}{NT_s}$ [Hz] となる．

W_N

簡単のため，W_N を次式で定義する．

$$W_N = \exp\left(j\frac{2\pi}{N}\right) \tag{5.4}$$

明らかに，$W_N^0 = 1$ である．また，次式が成立する．

$$\phi_m[n] = \frac{1}{\sqrt{N}} W_N^{mn} \tag{5.5}$$

例題 5.1

$n = 0, 1, 2, 3, 4, 5$ に対して，W_6^n を計算し，複素平面上に図示せよ．

【解答】

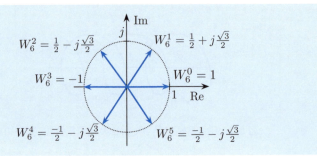

図 5.2 練習問題の解

式 (5.3) の $\phi_m[n]$（離散時間上の複素正弦波）に関して，次の性質が成立する．

- $\phi_m[n]$ は，周期（period）N の周期関数であり，次式が成立する．

$$\phi_m[n+N] = \phi_m[n] \tag{5.6}$$

- 定義式 (5.3) より，m に関しても周期 N の周期性を持つ．すなわち，次式が成立する．

$$\phi_{m+N}[n] = \phi_m[n] \tag{5.7}$$

従って，m に関しては，$m = 0, 1, \ldots, N-1$ の場合だけを考えることにする．

- $m = 0, 1, \ldots, N-1$ に対する $\phi_m[n]$ だけを考えた場合，その複素共役に関して次の関係が成立する．

$$\overline{\phi_m[n]} = \begin{cases} \phi_0[n] & (m = 0) \\ \phi_{N-m}[n] & (1 \leq m \leq N-1) \end{cases} \tag{5.8}$$

m の範囲に関する制限をなくせば，この式は簡単に，

$$\overline{\phi_m[n]} = \phi_{-m}[n] \tag{5.9}$$

と書くことができる．

- 2 種の複素正弦波の積に関して，次式が成立する．

$$\phi_l[n]\phi_m[n] = \phi_{((l+m)\,(\mathrm{mod}\,N))}[n] \tag{5.10}$$

ここでは，関数の添字を $(l+m)\,(\mathrm{mod}\,N)$ と書いたが，以下，周期性に基づけば，$l+m$ と書くことができる．$l+m$ が 0 未満または N 以上の場合は，N で割った余りを考えればよい．

5.1 離散フーリエ変換の定義

- 次式が成立する.

$$\sum_{n=0}^{N-1} \phi_m[n] = \begin{cases} \sqrt{N} & (m=0) \\ 0 & (1 \leq m \leq N-1) \end{cases} \quad (5.11)$$

従って, 次式が成立する.

$$\sum_{n=0}^{N-1} \phi_l[n]\overline{\phi_m[n]} = \begin{cases} N & (l=m) \\ 0 & (l \neq m) \end{cases} \quad (5.12)$$

この l と m の等号に関しても, N で割った余りが等しければ, 両者を等しいとする. すなわち, $l=m$ は $(l-m)\,(\mathrm{mod}\,N)=0$ を意味しているものとする.

[証明] 整数 m に対して, $\exp(j2\pi m) = \cos(2\pi m) + j\sin(2\pi m) = 1$ が成立する.

$$W_N^{m(n+N)} = W_N^{mN} \cdot W_N^{mn} = 1 \cdot W_N^{mn}$$

となり, 式 (5.6) が成立する. 式 (5.7) は, 式 (5.3) の左辺の m と n の対称性から明らかである.

$m=0$ のときは, $\phi_0[n] = \frac{1}{\sqrt{N}}$ より,

$$\sum_{n=0}^{N-1} \phi_0[n] = \sum_{n=0}^{N-1} \frac{1}{\sqrt{N}} \quad (5.13)$$

$$= \sqrt{N} \quad (5.14)$$

となる. $1 \leq m \leq N-1$ のときは, $W_N^m \neq 1$ であるから,

$$\sum_{n=0}^{N-1} \sqrt{N}\phi_m[n] = \sum_{n=0}^{N-1} W_N^{mn}$$

$$= \sum_{n=0}^{N-1} (W_N^m)^n$$

$$= \frac{1-(W_N^m)^N}{1-W_N^m}$$

$$= \frac{1-(W_N^N)^m}{1-W_N^m}$$

$$= \frac{1-1}{1-W_N^m} = 0$$

となるため, 式 (5.11) が成立する.

例題 5.2

$m = 1, 2, 3, 4, 5$ の場合に $\sum_{n=0}^{5} W_6^{mn} = 0$ となることを，複素平面上で確認せよ．

【解答】$m = 1$ の場合は，原点から放射状に出ている 6 個のベクトルの和は，値が打ち消し合い，0 になることがわかる．$m = 2$ の場合は，$W_6^0 + W_6^2 + W_6^4 + W_6^0 + W_6^2 + W_6^4$ となるので，やはり 0 になることがわかる．その他の m でも同様である． □

$\phi_m[n]$ を，ベクトル $\boldsymbol{\phi}_m$ の第 n 成分と考える．$x[n]$ と $y[n]$ ($n = 0, 1, \ldots, N-1$) も，それぞれ，N 次元ベクトル $\boldsymbol{x}$ と $\boldsymbol{y}$ の成分と考え，両者の内積 $\langle \boldsymbol{x}, \boldsymbol{y} \rangle$ を，

$$\langle \boldsymbol{x}, \boldsymbol{y} \rangle = \sum_{n=0}^{N-1} x[n]\overline{y[n]} \tag{5.15}$$

で表す．このとき，式 (5.12) は，N 個のベクトルの組，$\{\boldsymbol{\phi}_m\}_{m=0}^{N-1}$ が正規直交基底であることを示している．

正規直交基底による N 次元ベクトル $\boldsymbol{x}$ の展開は，

$$\boldsymbol{x} = \sum_{m=0}^{N-1} \langle \boldsymbol{x}, \boldsymbol{\phi}_m \rangle \boldsymbol{\phi}_m \tag{5.16}$$

となる．これを信号 $x[n]$ を使って表せば，次式が成立する．

$$x[n] = \sum_{m=0}^{N-1} \sum_{l=0}^{N-1} x[l]\overline{\phi_m[l]}\phi_m[n] \tag{5.17}$$

内積により求めた係数を $X[m]$ で表し，式 (5.17) を 2 つに分割すれば，

$$X[m] = \langle \boldsymbol{x}, \boldsymbol{\phi}_m \rangle = \sum_{n=0}^{N-1} x[n]\overline{\phi_m[n]} \tag{5.18}$$

$$x[n] = \sum_{m=0}^{N-1} X[m]\phi_m[n] \tag{5.19}$$

となる．この 2 つの式が，離散フーリエ変換とその逆変換を与える式である．

そして，この 2 つの式を複素指数関数を使って表せば，一般的な**離散フーリエ変換**と逆変換の式を得ることができる．

5.1 離散フーリエ変換の定義

離散フーリエ変換

$$X[m] = \frac{1}{\sqrt{N}} \sum_{n=0}^{N-1} x[n] \exp\left(-j\frac{2\pi mn}{N}\right) \quad (5.20)$$

$$= \frac{1}{\sqrt{N}} \sum_{n=0}^{N-1} x[n] W_N^{-mn} \quad (5.21)$$

$$x[n] = \frac{1}{\sqrt{N}} \sum_{m=0}^{N-1} X[m] \exp\left(j\frac{2\pi mn}{N}\right) \quad (5.22)$$

$$= \frac{1}{\sqrt{N}} \sum_{m=0}^{N-1} X[m] W_N^{mn} \quad (5.23)$$

簡単のため，離散フーリエ変換を DFT (Discrete Fourier Transform)，逆離散フーリエ変換を IDFT (Inverse DFT) と記す．

式 (5.23) は，信号 $x[n]$ を離散複素正弦波 $\frac{1}{\sqrt{N}} \exp\left(j2\pi\frac{m}{N}n\right)$ の線形和（1 次結合，ベクトルにそれぞれの係数をかけて足し合わせたもの）で表している．その係数が $X[m]$ であり，信号 $x[n]$ から式 (5.21) を計算することによって求めることができる．また，式 (5.21) は，信号を表すベクトル $\boldsymbol{x}$ と基底関数（basis function）を表すベクトル $\boldsymbol{\phi}_m$ の内積であることに注意する．

(N, N)-行列 $\boldsymbol{A}$ を，その (m, n)-要素が $\frac{1}{\sqrt{N}} W_N^{mn}$ とする．また，行列 $\boldsymbol{A}$ のエルミート行列（各要素の複素共役を取り，行列を転置したもの，Hermite matrix）を $\boldsymbol{A}^H$ で表すと，式 (5.21), (5.23) は，行列を使って以下のように表すことができる．

$$\boldsymbol{X} = \boldsymbol{A}^H \boldsymbol{x} \quad (5.24)$$

$$\boldsymbol{x} = \boldsymbol{A} \boldsymbol{X} \quad (5.25)$$

ここで，$\boldsymbol{X}$ は，離散フーリエ変換係数 $X[m]$ を N 次元ベクトルで表したものである．

エネルギーを 1 にするための係数をすべて逆変換に集めて，以下のように表すこともある．

> **離散フーリエ変換（逆変換に $\frac{1}{N}$ 倍）**
>
> $$X[m] = \sum_{n=0}^{N-1} x[n] W_N^{-mn} \tag{5.26}$$
>
> $$x[n] = \frac{1}{N} \sum_{m=0}^{N-1} X[m] W_N^{mn} \tag{5.27}$$

この場合は，式 (5.26) の $X[m]$ の値が，式 (5.21) のものの $\sqrt{N}$ 倍になっているだけである．一般的に，表現が簡単になるなどの理由で，両者の表現とも利用されている．

> **例題 5.3**
>
> $N = 6$ の場合に，関数
>
> $$x[n] = \begin{cases} 1 & (n = 0, 1, 2) \\ 0 & (それ以外) \end{cases} \tag{5.28}$$
>
> を式 (5.26) で DFT したものを，W_6 を使って表せ．

【解答】

$$X[0] = 3$$
$$X[1] = 1 + W_6 + W_6^2$$
$$X[2] = 1 + W_6^2 + W_6^4$$
$$X[3] = 2 + W_6^3$$
$$X[4] = 1 + W_6^4 + W_6^2$$
$$X[5] = 1 + W_6^5 + W_6^4$$

5.2 巡回畳み込み公式

5.2.1 線形システム

離散時間上の**線形システム**（linear system）を考える．ここで扱うシステムとは時間信号 $x[n]$ を入力すると，時間信号 $y[n]$ が出力されるものである．例えば，入力を人間の音声をマイクロフォンで電圧に変えた信号とすれば，出力は通信のために高音（周波数の高い）成分をカットしたものにする，雑音を減少させる，音声が存在する周波数だけ取り出すなどの目的に使われる．次に，システムにおける「線形」の定義を与える．

線形システム

α, β を任意の実数または複素数とする．システムが線形であるとは，任意の入力 $x[n], p[n]$ に対する出力が，それぞれ $y[n], q[n]$ となるときに，入力 $\alpha x[n] + \beta p[n]$ の出力が，次式で与えられるものである．

$$\alpha y[n] + \beta q[n] \tag{5.29}$$

例えば，行列をベクトルにかける操作は線形である．ベクトル $\boldsymbol{x}, \boldsymbol{p}$ をベクトル，A を行列とし，$\boldsymbol{y} = A\boldsymbol{x}, \boldsymbol{q} = A\boldsymbol{p}$ とすれば，$A(\alpha \boldsymbol{x} + \beta \boldsymbol{p}) = \alpha \boldsymbol{y} + \beta \boldsymbol{q}$ が成立するからである．また，離散フーリエ変換やその逆変換も線形システムと考えることができる．

5.2.2 巡回畳み込み公式

周期 N の離散時間上の関数 $h[n]$, $x[n]$ に対して，両者の**巡回畳み込み**（circular convolution）$(x * h)[n]$ を次のように定義する．

巡回畳み込み

$$(x * h)[n] = \sum_{k=0}^{N-1} x[k] h[n-k] \tag{5.30}$$

本章では，$h[n]$, $x[n]$ を周期 N の周期関数としているため，その巡回畳み込み $y[n] = (x * h)[n]$ も，周期 N の関数となる．これらの関数が 0 から $N-1$

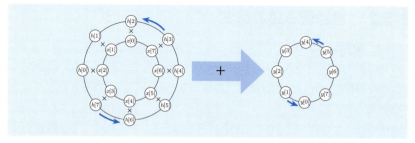

図 5.3 巡回畳み込み

の整数上で定義されている場合，式 (5.30) の計算において変数がマイナスになることもあるが，その場合は，$x[N-1]$ の次が $x[0]$ として，円環のようにつながっていると考える．そのように考える計算を，**巡回型（circular）**の計算と呼ぶため，式 (5.30) の計算の名前の先頭に「巡回」が付されている．$N=8$ のときの巡回畳み込みの計算を図示したものが，図 5.3 である．外側の円環と内側の円環のそれぞれの要素の積の総和が，右側の円環の 1 点の出力となり，外側の円環と右側の円環を回しながら次々に乗算と総和を得ていく．

総和を計算する変数の変換により，巡回畳み込みの k と $n-k$ は入れ替えても等しく，次式が成立することが証明できる（この証明は章末問題とする）．

$$(x*h)[n] = \sum_{k=0}^{N-1} x[k]h[n-k] = \sum_{k=0}^{N-1} x[n-k]h[k] = (h*x)[n] \quad (5.31)$$

$h[n]$, $x[n]$, $y[n]$ を式 (5.26) で DFT したものを，$H[m]$, $X[m]$, $Y[m]$ で表す．このとき次の**巡回畳み込み公式（circular convolution theorem）**が成立する．

巡回畳み込み公式

$y[n]$ が $x[n]$ と $h[n]$ の巡回畳み込み

$$y[n] = (x*h)[n] \quad (5.32)$$

となるための必要十分条件は，$y[n]$ の DFT の係数が $x[n]$ と $h[n]$ の DFT の係数の要素ごとの積で表されることである．

$$Y[m] = H[m]X[m] \quad (5.33)$$

- 式 (5.33) から巡回畳み込みは，DFT をすれば，フーリエ係数ごとの積になることがわかる．
- 式 (5.21) の DFT を使った場合は，式 (5.33) の左辺を $\sqrt{N}$ 倍する．

[**証明**] 関数が周期 N の周期関数であること，和の順番は交換できることを使い，式 (5.31) を直接 DFT する．$l = n - k$ とおけば，次式によって証明できる．

$$\begin{aligned}
Y[m] &= \sum_{n=0}^{N-1} y[n] W_N^{-mn} \\
&= \sum_{n=0}^{N-1} \sum_{k=0}^{N-1} h[n-k] x[k] W_N^{-mn} \\
&= \sum_{k=0}^{N-1} \sum_{l=-k}^{N-k-1} h[l] x[k] W_N^{-m(l+k)} \\
&= \left(\sum_{l=0}^{N-1} h[l] W_N^{-ml} \right) \left(\sum_{k=0}^{N-1} x[k] W_N^{-mk} \right) \\
&= H[m] X[m]
\end{aligned}$$

5.2.3 インパルス応答

時不変システムとは入出力関係が時間によって変わらないことである．k を任意に固定した整数とする．$x[n-k]$ は $x[n]$ を n 軸方向に k だけ平行移動した関数を表す．例えば，$x[n]$ に関しては $n = m$ で現れる値が，$x[n-k]$ では $n = m + k$ で現れるため，k だけ平行移動したと考えられる．時不変システムとは，任意の整数 k に対して $x[n-k]$ の入力を与えたときの出力が $y[n-k]$ となるものをいう．

離散デルタ関数（discrete delta function）を次のように定義する．

離散デルタ関数

$$\delta[n] = \begin{cases} 1 & (n = 0) \\ 0 & (n \neq 0) \end{cases} \tag{5.34}$$

正確に言えば，この章では周期 N の関数だけを考えているため，式 (5.34) の

ように表記しても，$n = 0, \pm N, \pm 2N, \pm 3N, \ldots$ で 1 で，それ以外では 0 となる関数を意味している．

ここでは **線形時不変システム** だけを考える．$x[n] = \delta[n]$ という信号を線形システムに入力し，その出力が $h[n]$ であるものとする．この $h[n]$ は，**インパルス応答** と呼ばれる．離散デルタ関数 $\delta[n]$ は有界であるため，インパルスと呼ぶべきではないかもしれないが，習慣上インパルス応答と呼ばれる．任意の整数 k に対して，時不変性より，$\delta[n-k]$ を入力すれば $h[n-k]$ が出力となる．一般の入力 $x[n]$ は，n ごとに離散デルタ関数で分解して，

$$x[n] = \sum_{k=0}^{N-1} x[k]\delta[n-k] \tag{5.35}$$

が成立する．すなわち，$x[n]$ は k において 1 になる離散デルタ関数を $x[k]$ 倍したものの，k を 0 から $N-1$ まで動かしたときの和として表すことができる．システムの線形性から，$x[k]\delta[n-k]$ の出力は $x[k]h[n-k]$ となる．注意するべきことは，n が関数として考えるときの変数であり，$x[k]$ は関数にかかる係数でしかないことである．従って，$x[n]$ を入力したときに出力 $y[n]$ は，

$$y[n] = \sum_{k=0}^{N-1} x[k]h[n-k] \tag{5.36}$$

となる．

この結果から線形システムでは，インパルス応答さえわかれば，任意の入力に対する出力は，巡回畳み込みによって与えられることがわかる．

また，巡回畳み込み公式を使えば，線形時不変システムにおいては，入力を DFT したものとインパルス応答を DFT したものの積は，出力を DFT したものになる．

5.3 高速フーリエ変換

N 点の値からなるデータの DFT を計算するための計算量を考える．式 (5.21) から，1 つの m に対する $X[m]$ を計算するためには，およそ N 回の複素数の乗算と加算が必要である．$X[m]$ は全部で N 個あるので，DFT を直接計算する計算量は N^2 のオーダとなる．計算量を削減する方法として，**高速フーリエ変換（Fast Fourier Transform；FFT）**が開発されている．基本的な考え方は，問題を半分ずつに分割して，それを統合していく方法である．

データ点数が 2 のべき乗である場合を考える．すなわち，整数 M に対して $N = 2^M$ となる場合である．このとき，FFT の計算量は $N \log_2 N$ のオーダになる．N が大きくなると両者の比は非常に大きい．例えば，N が 100 万の場合は，この比は 5 万程度となる．すなわち，FFT の方が直接 DFT を計算するより数万倍速くなるのである．

FFT の原理を簡単に説明する．式 (5.26) の DFT の計算を，和を取る変数 n が奇数の場合と偶数の場合に分けることを考える．このとき，

$$\begin{aligned}
X[m] &= \sum_{n=0}^{N-1} x[n] W_N^{-mn} \\
&= \sum_{l=0}^{\frac{N}{2}-1} x[2l] W_N^{-m(2l)} + \sum_{l=0}^{\frac{N}{2}-1} x[2l+1] W_N^{-m(2l+1)} \\
&= \sum_{l=0}^{\frac{N}{2}-1} x[2l] W_N^{-m(2l)} + W_N^{-m} \sum_{l=0}^{\frac{N}{2}-1} x[2l+1] W_N^{-m(2l)} \\
&= \sum_{l=0}^{\frac{N}{2}-1} x[2l] W_{\frac{N}{2}}^{-ml} + W_N^{-m} \sum_{l=0}^{\frac{N}{2}-1} x[2l+1] W_{\frac{N}{2}}^{-ml}
\end{aligned}$$

と書くことができる．最後の式の 2 つの和は，それぞれ，$x[n]$ を n が偶数のものを集めたものに対する DFT と奇数のものに対する DFT になっている．後者の結果に W_N^{-m} をかけて加算すれば，DFT の結果が得られる．従って，DFT の結果 $X[m]$ をすべて求めるためには，$\frac{N}{2}$ 点のデータの DFT を 2 回した後に，N 回程度の乗算と加算で計算できる．すなわち，$\frac{N}{2}$ 点のデータの DFT が 2 回と，N のオーダの計算量が必要になる．同様に，$\frac{N}{2}$ 点の DFT の 1 回の計算には，$\frac{N}{4}$ 点のデータの DFT が 2 回と，$\frac{N}{2}$ のオーダの計算量が必要になる．全体

では，$\frac{N}{4}$ 点のデータの DFT が 4 回，$\frac{N}{2}$ のオーダの計算が 2 回，N のオーダの計算が 1 回必要になる．この分割を繰り返していけば，最後にデータ数が 1 の DFT が必要になるが，この場合はデータの値そのものが DFT の結果であるため計算量は 0 である．計算量のオーダを O を使って表す．例えば，$O(N^2)$，$O(N \log_2 N)$ は，それぞれ N^2，$N \log_2 N$ のオーダを表す．この表現を使って，いままでの話をまとめると以下のようになる．

$(N$ 点の DFT の計算量$)$
$= 2 \times (\frac{N}{2}$ 点の DFT の計算量$) + O(N)$
$= 4 \times (\frac{N}{4}$ 点の DFT の計算量$) + 2 \times O\left(\frac{N}{2}\right) + O(N)$
$= \cdots$
$= \left(\frac{N}{2}\right) \times (2$ 点の DFT の計算量$) + \frac{N}{4} \times O(4) + \cdots + 2 \times O\left(\frac{N}{2}\right) + O(N)$
$= N \times (1$ 点の DFT の計算量$) + \frac{N}{2} \times O(2) + \frac{N}{4} \times O(4) + \cdots$
$\quad + 2 \times O\left(\frac{N}{2}\right) + O(N)$
$= O(N \log_2 N)$

$\log_2 N$ の因子は分割の回数から出てきたものである．

実際に計算を実装するためには，バタフライ演算を組み合わせる．**バタフライ演算（butterfly operation）** とは，2 つの入力 x_I, y_I，その 2 つの出力 x_O, y_O，係数 α, β に対して，

$$x_\mathrm{O} = x_\mathrm{I} + \alpha y_\mathrm{I} \tag{5.37}$$
$$y_\mathrm{O} = x_\mathrm{I} + \beta y_\mathrm{I} \tag{5.38}$$

と表されるものであり，図 5.4 のように表される．この図が蝶に似ているため，バタフライ演算と呼ばれる．図 5.5 は $N = 8$ の場合の DFT をバタフライ演算の組み合わせで表したものである．

5.3 高速フーリエ変換

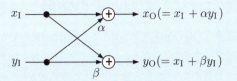

図 5.4 バタフライ演算

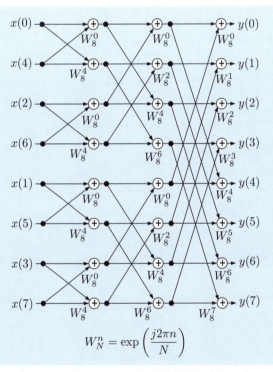

$$W_N^n = \exp\left(\frac{j2\pi n}{N}\right)$$

図 5.5 バタフライ演算による FFT ($N=8$)

5.4 離散コサイン変換とその応用

離散コサイン変換（**Discrete Cosine Transform；DCT**）は，有限区間の任意の離散時間信号を余弦（コサイン）関数だけを使って展開する．DFTでは正弦関数・余弦関数の両方を基底関数として，周波数は $\frac{2\pi}{N}$ 単位で展開した．DCTでは基底関数が余弦関数だけになる代わりに，その周波数の単位を約半分として信号を展開する．

DFTからDCTを導く．長さ N の信号 $x[n]$ $(n=0,1,\ldots,N-1)$ を，図5.6のように折り返し，長さ $2N$ の信号 $y[n]$ $(n=0,1,\ldots,2N-1)$ に拡張する．これを式で表せば以下のようになる．

$$y[n] = \begin{cases} x[n] & (0 \leq n \leq N-1) \\ x[2N-1-n] & (N \leq n \leq 2N-1) \end{cases} \tag{5.39}$$

$y[n]$ の長さ $2N$ のDFTによって得られる変換係数を $Y[m]$ とすれば，DFTとIDFTが次式で表される．

$$Y[m] = \frac{1}{\sqrt{2N}} \sum_{n=0}^{2N-1} y[n] W_{2N}^{-mn} \tag{5.40}$$

$$y[n] = \frac{1}{\sqrt{2N}} \sum_{m=0}^{2N-1} Y[m] W_{2N}^{mn} \tag{5.41}$$

となる．ここで，$C[m]$ $(m=0,1,\ldots,2N-1)$ を，

$$C[m] = \begin{cases} 1 & (m=0) \\ \sqrt{2} & (m \neq 0) \end{cases} \tag{5.42}$$

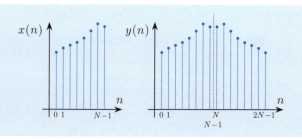

図 5.6　DCT のための折り返し

5.4 離散コサイン変換とその応用

とおき，$Y'[m] = Y[m]\frac{C[m]}{\sqrt{2}}W_{2N}^{-\frac{m}{2}}$ とおけば，$Y[m] = Y'[m]\frac{\sqrt{2}}{C[m]}W_{2N}^{\frac{m}{2}}$ であるから，

$$Y'[m] = \frac{C[m]}{2\sqrt{N}} \sum_{n=0}^{2N-1} y[n] W_{2N}^{-m(n+\frac{1}{2})} \tag{5.43}$$

$$y[n] = \frac{1}{\sqrt{N}} \sum_{m=0}^{2N-1} \frac{Y'[m]}{C[m]} W_{2N}^{m(n+\frac{1}{2})} \tag{5.44}$$

が成立する．式 (5.43) の和を 0 から $N-1$ と N から $2N-1$ に分ける．

$$Y'[m] = \frac{C[m]}{2\sqrt{N}} \left(\sum_{n=0}^{N-1} y[n] W_{2N}^{-m(n+\frac{1}{2})} + \sum_{n=N}^{2N-1} y[n] W_{2N}^{-m(n+\frac{1}{2})} \right) \tag{5.45}$$

右辺の第 2 項の和の n に $2N-1-n$ を代入すると，0 から $N-1$ の和にすることができる．そして，式 (5.39) を使い，$x[n]$ で表せば，

$$\begin{aligned}
Y'[m] &= \frac{C[m]}{2\sqrt{N}} \left(\sum_{n=0}^{N-1} x[n] W_{2N}^{-m(n+\frac{1}{2})} + \sum_{n=0}^{N-1} x[n] W_{2N}^{-m(2N-1-n+\frac{1}{2})} \right) \\
&= \frac{C[m]}{2\sqrt{N}} \sum_{n=0}^{N-1} x[n] \left[W_{2N}^{-m(n+\frac{1}{2})} + W_{2N}^{m(n+\frac{1}{2})} \right] \\
&= \frac{C[m]}{\sqrt{N}} \sum_{n=0}^{N-1} x[n] \cos\left(\frac{\pi m}{N} \left(n + \frac{1}{2} \right) \right)
\end{aligned} \tag{5.46}$$

となる．$x[n]$ が実数の場合，式 (5.46) より $Y'[m]$ もすべて実数である．式 (5.44) で，$y[n]$ も $Y'[m]$ も実数であるため，複素数の指数関数で虚数部分を表す正弦関数の項は消える．従って，

$$y[n] = \frac{1}{\sqrt{N}} \sum_{m=0}^{2N-1} \frac{Y'[m]}{C[m]} \cos\left(\frac{\pi m}{N} \left(n + \frac{1}{2} \right) \right) \tag{5.47}$$

となる．式 (5.46) より，$Y'(2N-m) = Y'[m]$ と $Y'[N] = 0$ が成立する．式 (5.47) の和を，$m = 0$, 1 から $N-1$, N, $N+1$ から $2N-1$ の 4 つの部分に分け，$C[m]$ の値を使ってまとめれば，

$$x[n] = y[n] = \frac{1}{\sqrt{N}} \sum_{m=0}^{N-1} C[m] Y'[m] \cos\left(\frac{\pi m}{N} \left(n + \frac{1}{2} \right) \right) \tag{5.48}$$

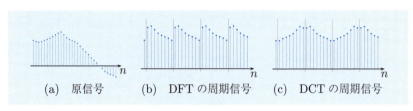

図 5.7　DFT と DCT

が成立する．式 (5.46) と (5.48) が，DCT とその逆変換を表している（$Y'[m]$ が DCT の結果で得られる係数である）．元の信号を対称におく方法が複数通りあるため，DCT も複数通り存在するが，画像符号化では，一般にここに示した DCT-II と呼ばれる変換が使われる．

5.4.1　ブロック変換

扱う時間信号が長い場合を考える．短時間フーリエ変換の節（7.1 節）で論じるが，信号の性質が時間と共に少しずつ変化し，長い時間でフーリエ変換するよりも，短い時間に区切って変換した方が，より正確に信号の特徴を捉えることができる場合がある．また，信号を短く区切った方が，全体を 1 つの信号として扱うよりも計算時間が短くなる．長い信号をある長さで区切り，変換する方法を**ブロック変換**（**block transform**）と呼ぶ．例えばブロック変換では，図 5.7 (a) から切り出した長さ N の図 5.7 (b) の信号（信号ブロック）を変換する．

このとき，長さ N の DFT は周期 N の周期関数を仮定しているので，DFT は図 5.7 (b) の周期信号を変換していると考えることができる．この信号には，切り出した信号の右端と左端における値が違うため，元の信号には存在しなかった，大きな不連続性が生じている．従って，DFT を用いると，元の信号に高周波成分があまり存在しない場合でも，切り出しによって高周波成分が生じ解析を不正確にする．また，画像符号化などにおいては，生じた高周波成分が符号化効率を低下させるという問題が生じる．

DCT では，図 5.7(c) のように，切り出した信号を $n = N$ で折り返した長さ $2N$ の信号を考え，それを周期 $2N$ の周期関数と考える．従って，DFT のような関数値の不連続性が現れなくなるため，端点の問題が軽減される．ただし，微分した関数には不連続性が現れるため，端点の影響がなくなるわけではない．

5.4.2 画像符号化（JPEG）

ディジタルカメラから得られる静止画像データは，多くの場合，**JPEG**（**Joint Picture Experts Group**）という規格で，画像をディジタルデータに変換して保存されている．パソコンならば，名前の末尾（拡張子）が.jpgとなっているファイルの中身が，JPEGによって変換されたものである．このような処理を**画像符号化**（**image coding**）と呼ぶ．画像符号化の目的は，できるだけ画像を劣化させずに，画像を保存するためのデータ量を削減することである．そのために，DCTが使われている．

コンピュータで扱う画像は，画素値の集まりである．例えば，HDTVディスプレイの場合，画像は横 $1{,}920 \times$ 縦 $1{,}080$ 画素，すなわち，$2{,}073{,}600$ 点の光の集まりとして表されている．1点の光は，256階調すなわち0から255の強さを持つ場合が多い．256階調の値を表すためには，1 byte のデータ量が必要である．カラー画像では，1画像につき赤，緑，青の光の点が必要であるから，全体では，$1{,}920 \times 1{,}080 \times 3 = 6{,}220{,}800$ より，約6.2M byte のデータ量が必要となる．このままでは，データ量が大き過ぎるため，画像が見た目にはあまり変わらない範囲でデータ量を削減する．

JPEGでは，まず，カラー画像を明るさ成分を表す輝度画像と，色の情報を表す2枚の色差画像に変換する．以下では，輝度画像をJPEGのディジタルデータに変換する方法に関して説明する．

(1) **ブロック化**：画像を 8×8 画素のブロックに分割する．
(2) **DCT**：各ブロックに対して2次元DCT（2D-DCT）を実行する．
(3) **量子化**：変換係数をその周波数に応じて決まる定数で割り，四捨五入を行い，各ブロックにおいて64個の整数値を得る．
(4) **係数符号化**：得られた整数値を，その値の出現回数が多い場合には短いビット列を，少ない値には長いビット列を割り当てる符号化法によってビット列に変換し，ファイルなどに出力する．

(1)のブロック化によって，画像が 1920×1080 画素の場合，240×135 個のブロックが得られる．

(2)では，それぞれのブロックに対して2次元DCTを施す．2次元DCTはそれぞれの列（縦の列）に対して $N=8$ のDCTを施した後，その結果のそれ

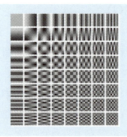

図 5.8 2 次元 DCT の基底関数

ぞれの行（横の列）に対して $N = 8$ の DCT を施すことによって実現できる．縦と横を変換する順番は入れ替えることができる．$N = 8$ の 2 次元 DCT の 64 個の基底関数を図 5.8 に示す．左上端が直流（周波数が 0）成分で，右下ほど周波数が高くなっている．各画像ブロックはこの 64 個の基底関数の 1 次結合で表され，この 1 次結合の係数が，画像ブロックを 2 次元 DCT の結果となる．

画像においては，どの画素値も確率的には同じぐらいの幅で散らばっている．ところが，2 次元 DCT を施すことにより，確率的に，低周波の基底に対する係数は大きな幅で，高周波の基底に対する係数は小さな幅で散らばる．そのため，高周波成分で大きな値を持つ係数は少数になる．

(3) で周波数ごとに割る数が異なる理由は，人間の視覚特性に合わせるためである．周波数が高い成分は，周波数が低い成分よりも，誤差が大きくても人間に知覚されにくい．従って，高周波の基底関数の係数は，低周波数の基底関数の係数よりも大きな数で割る．通常の場合は，高周波の基底関数の係数は値が小さく，大きな数で割るため，量子化された値は 0 になる．

2 次元変換や量子化により，量子化された値はその絶対値が小さい場合がほとんどで，大きい場合はあまりない．そのため，(4) において，絶対値が小さい整数は短いビット列に，大きい数は長いビット列に変換するように符号を割り当てることによって，画像をビット列に変換したときのビット長を短く（データ量を少なく）する．

5 章 の 問 題

☐ **1** 次の関数を式 (5.26) を使って DFT しなさい. ただし, f と θ は実数で, それぞれ正規化周波数と位相を表す. また, k と l は整数で, $\frac{k}{N}$ は正規化周波数を表す. $0 < f \leq 1$, $0 \leq k \leq N-1$ とする.

(1) $x_1[n] = \exp\left(j2\pi f n\right)$
(2) $x_2[n] = \exp\left(j2\pi \frac{k}{N} n\right)$
(3) $x_3[n] = \cos\left(2\pi \frac{k}{N} n\right)$
(4) $x_4[n] = \sin\left(2\pi \frac{k}{N} n\right)$
(5) $x_5[n] = \exp\left(j2\pi \frac{k}{N} n + j\theta\right)$
(6) $x_6[n] = \cos\left(2\pi \frac{k}{N} n + \theta\right)$
(7) $x_7[n] = \delta[n]$ （離散デルタ関数）
(8) 整数 l ($0 \leq l \leq N-1$) に対して,

$$x_8[n] = \begin{cases} 1 & (n \leq l) \\ 0 & (\text{それ以外}) \end{cases}$$

(9) $x_9[n] = n$

☐ **2** 上で得られた結果を, IDFT せよ.

☐ **3** 式 (5.31) の 2 番目の等号を証明せよ.

第6章

ラプラス変換と z 変換

　フーリエ変換は，L^1（面積有限）または L^2（エネルギー有限）の信号について定義された．このため，時刻 $t=0$ でスイッチを入れることに相当する単位ステップ関数，正弦波，直流信号など，工学的に重要な信号を扱うことはできない．フーリエ変換をラプラス変換に拡張することで，これらの関数を扱うことができるようにする．

6.1	ラプラス変換
6.2	ラプラス変換の性質
6.3	ラプラス変換の例
6.4	逆ラプラス変換の計算
6.5	システム伝達関数
6.6	ラプラス変換の応用
6.7	z 変換
6.8	z 変換の応用

6.1 ラプラス変換

フーリエ変換では,連続信号を角周波数 $\Omega \in \mathbb{R}$ を変数とする関数に変換するが,ラプラス変換は,フーリエ変換での $j\Omega$ を複素数 s に拡張し,以下のように定義される.

ラプラス変換

$t < 0$ で $x(t) = 0$ となる関数 $x(t)$ の**ラプラス変換**(Laplace transform)と逆ラプラス変換は以下のように定義される.式 (6.2) で与えられる逆ラプラス変換は,$\exp(-st)x(t) \in L^1$ となる σ ($s = \sigma + j\Omega$, $\Omega \in \mathbb{R}$) について成立する.

$$X(s) = \int_0^{+\infty} \exp(-st)x(t)dt \tag{6.1}$$

$$x(t) = \frac{1}{j2\pi} \int_{\sigma-j\infty}^{\sigma+j\infty} X(s)\exp(st)ds \tag{6.2}$$

式 (6.1) の積分範囲が $[0, +\infty]$ のものを片側ラプラス変換,$[-\infty, +\infty]$ のものを両側ラプラス変換と呼ぶ.t が時間を表す場合には主に片側ラプラス変換が用いられる.本書においても片側ラプラス変換に限って議論を行う.

ラプラス変換を $\mathcal{L}[\cdot]$ で表し,逆ラプラス変換を $\mathcal{L}^{-1}[\cdot]$ で表す.また,フーリエ変換での「周波数領域」に対して,ラプラス変換では値域を **s 領域**と呼ぶ.

フーリエ変換は,時間 t に関する関数 $x(t)$ を角周波数の関数 $X(\Omega)$ に変換した.Ω は実数であり,$X(\Omega)$ は複素数を取る関数である.ラプラス変換は s も $X(s)$ も複素数を取る関数である.フーリエ変換可能な関数の場合,複素数 $s = \sigma + j\Omega$ とし,ラプラス変換の $\sigma = 0$ の部分のみを取り出せばフーリエ変換と一致する.フーリエ変換可能でない関数,すなわち $\sigma = 0$ のときに発散してしまう関数も適切な σ を用いれば式 (6.1) の積分が収束し,極限 $X(s)$ を持つ.そして,その σ を使って逆変換を行うことができる.式 (6.1) の積分が収束するような σ あるいは s の範囲を**収束域**と呼ぶ.収束域に関する重要な定理を示す.この定理より,有界な関数であればラプラス変換の収束域が存在することがわかる.

6.1 ラプラス変換

―― 有界な関数の収束域 ――――――――――――――――――――

$x(t)$ が $[0, +\infty)$ で有界のとき,$\mathcal{L}[x(t)]$ は,$\text{Re}(s) > 0$ で式 (6.1) の極限積分が収束し,極限 $X(s)$ を持つ.

[証明] $x(t)$ は有界であるため,$0 \leq t < +\infty$ で $|x(t)| \leq M < +\infty$ となる実数 M が存在する.積分範囲を $0 \leq t \leq T$ として,

$$\left| \int_0^T x(t) \exp(-st) dt \right| \leq \int_0^T |x(t) \exp(-st)| dt \leq M \int_0^T |\exp(-st)| dt \quad (6.3)$$

$|\exp(-st)| = \exp(-\text{Re}(s)t)$ より,$\text{Re}(s) > 0$ であれば,$T \to +\infty$ のときに最右辺が $\frac{M}{\text{Re}(s)}$ となり,収束が示される. ■

―― $X(s)$ が収束するための十分条件 ――――――――――――――――

$\exp(-st)x(t) \in L^1$ ならば,式 (6.1) の極限積分が収束し,極限 $X(s)$ を持つ.

[証明]

$$|X(s)| = \left| \int_0^{+\infty} \exp(-st)x(t) dt \right| \leq \int_0^{+\infty} |\exp(-st)x(t)| dt$$

から示される. ■

―― 収束域に関する定理 ――――――――――――――――――――

$\text{Re}[s] = \sigma_0$ を満たすすべての s について $\exp(-st)x(t) \in L^1$ ならば $\text{Re}[s] \geq \sigma_0$ を満たすすべての s についても $\exp(-st)x(t) \in L^1$ となり,$\text{Re}[s] \geq \sigma_0$ で式 (6.1) の極限積分が収束し,極限 $X(s)$ を持つ.

[証明] $\text{Re}[s] \geq \sigma_0$ のとき,$|\exp(\sigma + j\Omega)| = |\exp(\sigma)|$ より,

$$\int_0^{+\infty} |\exp(-st)x(t)| dt = \int_0^{+\infty} |\exp(-(\sigma - \sigma_0)t)| |\exp(-\sigma_0 t)x(t)| dt$$
$$\leq \int_0^{+\infty} |\exp(-\sigma_0 t)x(t)| dt$$

となり,$|\exp(-st)x(t)| \in L^1$ が示される. ■

ラプラスの反転公式 (6.2) が成立することを示そう．$\mathrm{Re}[s] \geq \sigma_0$ で $\exp(-st)x(t) \in L^1$ とする．$s = \sigma + j\Omega$ ($\sigma, \Omega \in \mathbb{R}$) とし，$x(t)$ のラプラス変換を考える．

$$X(s) = \int_0^\infty \exp(-st)x(t)dt \qquad (6.4)$$

$$= \int_0^\infty \exp(-j\Omega t)[\exp(-\sigma t)x(t)]dt \qquad (6.5)$$

このとき σ を固定すれば，式 (6.5) は，$\exp(-\sigma t)x(t)$ のフーリエ変換を与えていることがわかる．フーリエの反転公式より，

$$\exp(-\sigma t)x(t) = \frac{1}{2\pi}\int_{-\infty}^{+\infty} X(\sigma + j\Omega)\exp(j\Omega t)d\Omega \qquad (6.6)$$

$$x(t) = \frac{1}{2\pi}\int_{-\infty}^{+\infty} X(\sigma + j\Omega)\exp((\sigma + j\Omega)t)d\Omega \qquad (6.7)$$

が成立する．$s = \sigma + j\Omega$ と変数変換を行うと，$ds = jd\Omega$ より，ラプラスの反転公式が得られる[†1]．

$t < 0$ で $x(t) = 0$, $x(t) \notin L^1$ である関数であっても $\exp(-\sigma t)$ を掛け合わせることで $\exp(-\sigma t)x(t)$ が L^1 となれば，フーリエ変換，逆フーリエ変換が可能となる場合が多く存在する．例えば，式 (6.22) で定義されるような単位ステップ関数や $t = 0$ から始まる正弦関数などがある（図 6.1）．直観的に言えば，ラプラス変換は図 6.2 のように関数 $x(t)$ に $\exp(-\sigma t)$ をかけ合わせた関数をフーリエ変換することであり，逆ラプラス変換は，逆フーリエ変換した後に $\exp(\sigma t)$ をかけ合わせる（$\exp(-\sigma t)$ で割る）操作である．

[†1] $x(t)$ が t_0 において不連続である場合には，式 (6.7) の値は $x(t_0)$ でなく $\lim_{\tau \to 0} \frac{1}{2}(x(t_0 + \tau) + x(t_0 - \tau))$ となる．この場合には元の関数 $x(t)$ と逆ラプラス変換で得られる関数は L^1 の意味で一致する．

6.1 ラプラス変換

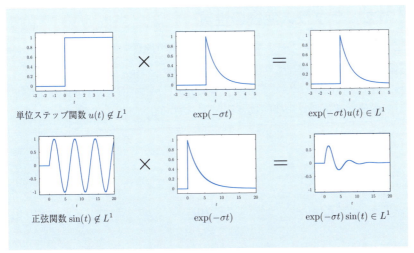

図 6.1　$\exp(-\sigma t)x(t)$ の例

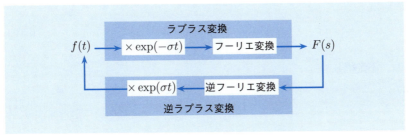

図 6.2　ラプラス変換とフーリエ変換

6.2 ラプラス変換の性質

ラプラス変換は，フーリエ変換のいくつかの性質を引き継ぐ．$x(t)$, $x_1(t)$, $x_2(t)$ のラプラス変換をそれぞれ $X(s)$, $X_1(s)$, $X_2(s)$ とする．

(1) **線形性**：任意の $\alpha, \beta \in \mathbb{C}$ について $\mathcal{L}[\alpha x_1(t) + \beta x_2(t)] = \alpha X_1(s) + \beta X_2(s)$
(2) **微分**：$x(t)$ の n 階導関数を $x^{(n)}(t)$ とする．

$$\mathcal{L}[x^{(k)}(t)]$$
$$= s^k X(s) - s^{k-1}x(0) - s^{k-2}x^{(1)}(0) - \cdots - x^{(k-1)}(0) \tag{6.8}$$
$$= s^k X(s) - \sum_{n=1}^{k} s^{k-n} x^{(n-1)}(0) \tag{6.9}$$

特に，$\mathcal{L}[x'(t)] = sX(s) - x(0)$．

(3) **変換後の微分**：

$$\mathcal{L}[(-t)^k x(t)] = X^{(k)}(s) \tag{6.10}$$

(4) **不定積分**：

$$\mathcal{L}\left[\int_0^t x(\tau)d\tau\right] = \frac{X(s)}{s} \tag{6.11}$$

(5) **時間シフト・伸縮**：正数 $\alpha, \beta \geq 0$ に対して

$$\mathcal{L}[x(\alpha t - \beta)] = \frac{\exp(-\frac{\beta s}{\alpha})}{\alpha} X\left(\frac{s}{\alpha}\right) \tag{6.12}$$

(6) **s のシフト・伸縮**：$\alpha, \beta \in \mathbb{C}$, $\alpha \neq 0$ について

$$\mathcal{L}^{-1}[X(\alpha s - \beta)] = \frac{\exp(\frac{\beta t}{\alpha})}{\alpha} x\left(\frac{t}{\alpha}\right) \tag{6.13}$$

(7) 初期値・最終値の定理：

$$x(0) = \lim_{s \to +\infty} sX(s) \tag{6.14}$$

$$\lim_{t \to +\infty} x(t) = \lim_{s \to +0} sX(s) \tag{6.15}$$

(8) **積と畳み込み**：時間領域，s領域での畳み込み演算を

$$(x_1 * x_2)(t) := \int_0^t x_1(t-\tau)x_2(\tau)d\tau \tag{6.16}$$

$$= \int_0^t x_1(\tau)x_2(t-\tau)d\tau \tag{6.17}$$

$$(X_1 * X_2)(s) := \frac{1}{j2\pi} \int_{\sigma-j\infty}^{\sigma+j\infty} X_1(s-p)X_2(p)dp \tag{6.18}$$

$$= \frac{1}{j2\pi} \int_{\sigma-j\infty}^{\sigma+j\infty} X_1(p)X_2(s-p)dp \tag{6.19}$$

とすれば，

$$\mathcal{L}[(x_1 * x_2)(t)] = X_1(s)X_2(s) \tag{6.20}$$

$$\mathcal{L}[x_1(t)x_2(t)] = (X_1 * X_2)(s) \tag{6.21}$$

6.3 ラプラス変換の例

いくつかのラプラス変換の具体例を見てみよう．時刻 $t=0$ においてスイッチを入れることに相当する関数

$$u(t) := \begin{cases} 0 & (t < 0) \\ 1 & (t \geq 0) \end{cases} \tag{6.22}$$

を単位ステップ関数 (unit function) あるいは，ヘビサイド関数，ユニット関数と呼ぶ．

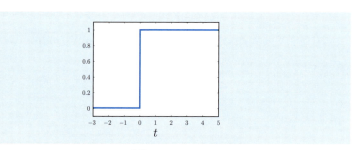

図 6.3　単位ステップ関数

表 6.1　各種の関数のラプラス変換

	時間領域	s 領域	収束域
デルタ関数	$\delta(t)$	1	任意の $s \in \mathbb{C}$
単位ステップ関数	$u(t)$	$\frac{1}{s}$	$\mathrm{Re}[s] > 0$
ランプ関数	$tu(t)$	$\frac{1}{s^2}$	$\mathrm{Re}[s] > 0$
べき関数	$t^n u(t)$	$\frac{n!}{s^{n+1}}$	$\mathrm{Re}[s] > 0$
指数関数	$\exp(-at)u(t)$	$\frac{1}{s+a}$	$\mathrm{Re}[s] > -a$
正弦関数	$\sin(\omega t)u(t)$	$\frac{\omega}{s^2+\omega^2}$	$\mathrm{Re}[s] > 0$
余弦関数	$\cos(\omega t)u(t)$	$\frac{s}{s^2+\omega^2}$	$\mathrm{Re}[s] > 0$
双曲線正弦関数	$\sinh(at)u(t)$	$\frac{a}{s^2-a^2}$	$\mathrm{Re}[s] > |a|$
双曲線余弦関数	$\cosh(at)u(t)$	$\frac{s}{s^2-a^2}$	$\mathrm{Re}[s] > |a|$

6.3 ラプラス変換の例

6.3.1 ディラックのデルタ関数

フーリエ変換でも登場したディラックのデルタ関数 $\delta(t)$ を考えてみよう．定義に従えば，

$$\mathcal{L}[\delta(t)] = \int_0^\infty \delta(t)\exp(-st)dt = 1 \tag{6.23}$$

が得られる．s によらず 1 を取るため，すべての s について収束する．

6.3.2 単位ステップ関数

単位ステップ関数は，面積有限でもエネルギー有限でもないため，フーリエ変換を求めることができない．ラプラス変換は

$$\mathcal{L}[u(t)] = \int_0^\infty \exp(-st)dt = -\frac{1}{s}[\exp(-st)]_0^\infty = \frac{1}{s} \tag{6.24}$$

となり，$\mathrm{Re}[s] > 0$ で収束する．

6.3.3 指数関数

$\mathrm{Re}[\alpha] > 0$ として，指数関数 $x(t) = \exp(-\alpha t)u(t)$ を考える．ラプラス変換は，

$$\mathcal{L}[x(t)] = \int_0^\infty \exp(-(\alpha+s)t)dt = \frac{1}{s+\alpha} \tag{6.25}$$

となり，$\mathrm{Re}[s] > -\mathrm{Re}[\alpha]$ で収束する．

6.3.4 正弦・余弦関数

時刻 t から始まる正弦波と余弦波，

$$x_s(t) = \sin(\omega t)u(t) \tag{6.26}$$

$$x_c(t) = \cos(\omega t)u(t) \tag{6.27}$$

のラプラス変換は，

$$\mathcal{L}[x_s(t)] = \frac{\omega}{s^2+\omega^2} \tag{6.28}$$

$$\mathcal{L}[x_c(t)] = \frac{s}{s^2+\omega^2} \tag{6.29}$$

となる．

6.4 逆ラプラス変換の計算

前節では色々な関数のラプラス変換を紹介したが，一般的な関数の逆ラプラス変換を求めることは，複素積分が必要となり難しい．工学的な応用では，以下に示すような有理関数の逆ラプラス変換を求めることが多い．

$$X(s) = \frac{A(s)}{B(s)} = \frac{a_m s^m + a_{m-1} s^{m-1} + \cdots + a_1 s + a_0}{s^n + b_{n-1} s^{n-1} + \cdots + b_1 s + b_0} \quad (6.30)$$

ここで，$n \geq m$ で n は有限であるとする．$X(s)$ がこのように有理関数で与えられている場合には，部分分数展開を用いて逆ラプラス変換の計算ができる．

n 次方程式 $B(s) = 0$ の解 $s_1, \ldots, s_n$ を $X(s)$ の極と呼ぶ．極 $s_1, \ldots, s_n$ が求められているとしよう[†2]．$s_1, \ldots, s_n$ は複素解でもよいが，重解を持つ場合には議論が複雑になるため，取りあえず重解は含まないとして考える．このとき，$X(s)$ は以下のように分解ができる．

$$X(s) = \frac{C_1}{s - s_1} + \frac{C_2}{s - s_2} + \cdots + \frac{C_n}{s - s_n} + A_0 \quad (6.31)$$

これを**部分分数分解**と呼ぶ．もし，係数 $C_1, \ldots, C_n, A_0$ および，$s_1, \ldots, s_n$ が定まれば，指数関数のラプラス変換式 (6.25) から逆ラプラス変換を求められる．

$C_1, \ldots, C_n$ は複素係数であり，

$$(s - s_k) X(s) = \frac{s - s_k}{s - s_1} C_1 + \cdots + \frac{s - s_k}{s - s_{k-1}} C_{k-1} + C_k$$
$$+ \frac{s - s_k}{s - s_{k+1}} C_{k+1} + \cdots + (s - s_k) A_0$$

となる．$s = s_k$ を代入すれば，C_k 以外の項が消えて，

$$C_k = (s - s_k) X(s) \big|_{s = s_k} \quad (6.32)$$

となり，C_k を求めることができる．左辺を計算するときには，$s \to s_k$ で，$s - s_k$ は 0 に収束し，$X(s)$ は $\pm \infty$ となるため，積の計算を行ってから，$s = s_k$ を代入する必要があることに注意する．

式 (6.25) とラプラス変換の線形性を用いると，次の式が得られる．

$$X(s) = A_0 + \sum_{k=1}^{n} \frac{C_k}{s - s_k} \quad (6.33)$$

$$x(t) = A_0 \delta(t) + \sum_{k=1}^{n} C_k \exp(s_k t) \quad (6.34)$$

[†2] n 次方程式の解を求める方法の 1 つを章末問題で扱う．

次に n 次方程式 $B(s) = 0$ が重解を持つ場合（$B(s)$ が重根を持つ場合）を考えてみよう．簡単のため，s_1 のみが 2 重根を持つ場合を考える．このとき，$B(s)$ は

$$B(s) = (s-s_1)^2(s-s_2)\cdots(s-s_{n-1}) \tag{6.35}$$

と因数分解ができ，$X(s)$ は，

$$X(s) = \frac{C_{1,1}}{(s-s_1)} + \frac{C_{1,2}}{(s-s_1)^2} + \frac{C_2}{(s-s_2)} + \cdots + \frac{C_{n-1}}{(s-s_{n-1})} + A_0 \tag{6.36}$$

と部分分数に展開できる．ここで，s_1 以外の $s_2, \ldots, s_{n-1}$ と対応する $C_2, \ldots, C_{n-1}$ は式 (6.32) と同じ方法で求めることができる．残りの $C_{1,1}, C_{1,2}$ を求めよう．式 (6.36) の両辺に $(s-s_1)^2$ をかけると，

$$\begin{aligned}(s-s_1)^2 X(s) =& (s-s_1)C_{1,1} + C_{1,2} \\ &+ (s-s_1)^2 \left\{ \frac{C_2}{(s-s_2)} + \cdots + \frac{C_{n-1}}{(s-s_{n-1})} + A_0 \right\}\end{aligned} \tag{6.37}$$

より，

$$C_{1,2} = (s-s_1)^2 X(s) \big|_{s=s_1} \tag{6.38}$$

となり，$C_{1,2}$ を求めることができる．次に，式 (6.37) の両辺を s で微分する．

$$\begin{aligned}&2(s-s_1)X(s) + (s-s_1)^2 X'(s) \\ &= C_{1,1} + 2(s-s_1)\left\{ \frac{C_2}{(s-s_2)} + \cdots + \frac{C_{n-1}}{(s-s_{n-1})} + A_0 \right\} \\ &\quad + (s-s_1)^2 \frac{d}{ds}\left\{ \frac{C_2}{(s-s_2)} + \cdots + \frac{C_{n-1}}{(s-s_{n-1})} + A_0 \right\}\end{aligned} \tag{6.39}$$

となる．これに $s = s_1$ を代入することで，$C_{1,1}$ が得られる．

$$C_{1,1} = 2(s-s_1)X(s) + (s-s_1)^2 X'(s) \big|_{s=s_1} \tag{6.40}$$

2 重根を複数含む場合も同様の手順で係数を求めることができる．さらに，3 重根以上の重根を含む場合には，3 階微分以上の高階微分を用いることで係数を決定することができる．

6.5 システム伝達関数

3.3.2項で,フーリエ変換による伝達関数表現について解説を行った.インパルス応答が L^1, L^2 に属さないような場合には,ラプラス変換を用いて伝達関数を定義する必要がある.また,インパルス応答を求める場合,現実には理想的なインパルス信号を入力させることはできないため,伝達関数を求める場合,近似的な入力を用いる.このときの入出力関数が L^1 や L^2 に属さない場合もある.

3.3.2項で示した通り,線形時不変システムの入出力はインパルス応答 $h(t)$ との畳み込みで表される.

$$y(t) = \int_{-\infty}^{+\infty} x(\tau)h(t-\tau)d\tau \tag{6.41}$$

$h(t)$, $x(t)$, $y(t)$ のフーリエ変換が求められない場合であっても,ラプラス変換による畳み込みの関係が成り立ち,

$$Y(s) = H(s)X(s) \tag{6.42}$$

の関係が成立する.$x(t)$ や $y(t)$ がフーリエ変換不可能な場合でも,インパルス応答 $h(t)$ がフーリエ変換可能であれば,式 (6.42) を求めた後,s に $j\Omega$ を代入することでフーリエ変換の伝達関数を求めることができる.

6.5.1 安定性

伝達関数が,式 (6.30) の有理関数で与えられる場合を考えよう.極の1つが c で与えられ,部分分数展開の項の1つが

$$H_1(s) = \frac{A}{s-c} \tag{6.43}$$

で与えられたとする.ここで,$c = a + jb$ は複素数を表す.表 6.1 の関係より,この項の逆ラプラス変換は,

$$x(t) = \exp(ct)u(t) = \exp(at)\exp(jbt)u(t) \tag{6.44}$$

である.複素正弦波 $\exp(jbt) = \cos(bt) + j\sin(bt)$ は振動する成分となる.実際には極が複素数 c となる場合には,その複素共役 $\bar{c}$ も極となるため,時間領域の虚部は打ち消される.もし $\mathrm{Re}[c] = a = 0$ であれば,この項の成分は永久に振動を続ける.摩擦のない振り子やばねの振動がこれに当たる.

一方,$\mathrm{Re}[c] = a > 0$ の場合には $\exp(at)$ の部分が時間とともに増大し,発散してしまう.マルサスの人口爆発モデルや,細菌の分裂増加,複利方式の金利がこれに当たる.出力は入力に依存するため,運よく発散しないこともあるかもしれないが,少しの雑音でも時間とともに増大してしまうため,このようなシステムを工学的に利用することは現実的ではない.

$\mathrm{Re}[c] = a < 0$ の場合は,時間関数の振幅は指数関数的に減少する.$|a|$ が大きいときには,早く減少し,$|a|$ が小さいときにはゆっくりと減少する.時間 t が $\frac{1}{|a|}$ 経過するごとに $\exp(at)$ は $\frac{1}{e} \simeq 0.368$ 倍に減衰する.この時間 $\frac{1}{|a|}$ を**時定数**と呼ぶ.

システム全体が,有界な入力に対して発散しないための必要十分条件は,すべての極 c が $\mathrm{Re}[c] < 0$ を満たす,すなわち,すべての極が複素平面の左半平面に存在することである.このとき,システムは**安定**であると呼ぶ.

6.5.2 1次遅れシステム

入出力関数が,1階微分方程式

$$b_1 \frac{d}{dt} y(t) + y(t) = Ax(t) \tag{6.45}$$

で表されるシステムを考えよう.ここで,$y(0) = 0$ とする.このとき伝達関数は,

$$H_1(s) = \frac{A}{b_1 s + 1} \tag{6.46}$$

で表され,$b_1 > 0$ のとき安定である.$H_1(s)$ は,制御工学では**1次遅れ要素**,電気回路では**1次フィルタ**と呼ばれる.

これらのシステムにステップ関数 $u(t)$ を入力し,その出力 $y(t)$ を求めてみよう.$y(t)$ は**ステップ応答**(**step response**)または**インディシャル応答**(**indicial response**)と呼ばれる.

$$Y_1(s) = H_1(s) X(s) = \frac{A}{s(b_1 s + 1)} \tag{6.47}$$

を逆ラプラス変換して

$$y_1(t) = A \left(1 - \exp\left(-\frac{t}{b_1} \right) \right) \tag{6.48}$$

となる.時定数は b_1 であり,時間 b_1 だけ経過するとカッコ内の第2項は約

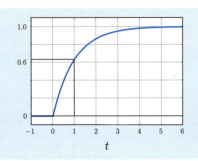

図 6.4 1次遅れのインディシャル応答 ($A=1, b_1=1$)：$t=b_1$ のとき，最終値の 63.2%の出力となる

36.8% 減衰する．

1次遅れシステムは，
- モータのスイッチを入れてからの回転数
- 電熱器のスイッチを入れてからの温度
- RC 直列回路にスイッチを入れてからコンデンサに溜まる電荷（電位）

など，定常状態に至るまでの状態（過渡状態）をモデル化することができる．

次に1次遅れシステムに正弦波を入力して，出力を調べてみよう．$x(t) = u(t)\sin(\omega t)$ を入力する．

$$Y(s) = H(s)X(s) = \frac{A}{b_1 s + 1}\frac{\omega}{s^2 + \omega^2} \tag{6.49}$$

$$y(t) = \frac{A}{b_1^2 \omega^2 + 1}\left[\sin(\omega t) - b_1\omega\cos(\omega t) + b_1\omega\exp\left(-\frac{t}{b_1}\right)\right] \tag{6.50}$$

が得られる（$t \geq 0$）．ここで $t=0$ のときは，$y(0)=0$ である．t が時定数 b_1 と比較して十分に大きいときには，カッコ内第3項が0となり，三角関数の合成を用いると，

$$y(t) = \frac{A}{\sqrt{b_1^2\omega^2 + 1}}\sin(\omega t + \theta) \tag{6.51}$$

$$\theta = \arctan2(1, -b_1\omega) \tag{6.52}$$

と表される．ω が0に近づくと係数は A に近づき，ω が大きくなると係数は0に近づくことが分かる．これより，このシステムは入力周波数が低いときには信号をよく通過させ，入力周波数が高いときには信号を遮断する低域通過特性

を持っていることがわかる．このときの振幅特性と位相特性を図 6.5 に示す．

この係数 $\frac{A}{\sqrt{b_1^2\omega^2+1}}$ および位相 θ は，$H(s)$ に $s=j\omega$ を代入することで伝達関数をフーリエ変換での伝達関数に変換したときに得られる振幅特性 $|H(j\omega)|$，$\arg H(j\omega)$ に一致する．

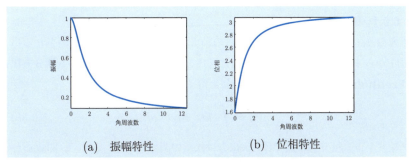

(a) 振幅特性　　　(b) 位相特性

図 6.5　1 次遅れシステムの振幅特性と位相特性

6.5.3　2 次遅れシステム

入出力関数が 2 階の微分方程式

$$b_2\frac{d^2}{dt^2}y(t) + b_1\frac{d}{dt}y(t) + y(t) = Ax(t) \tag{6.53}$$

で表されるシステムを考えよう．ここで，$y(0) = 0$ とする．このとき伝達関数は，

$$H_2(s) = \frac{A}{b_2 s^2 + b_1 s + 1} \tag{6.54}$$

で表される．$H_2(s)$ は制御工学では **2 次遅れ要素**，電気回路では **2 次フィルタ**と呼ばれる．2 次遅れシステムでは，極が複素数となることもあり，この場合には振動する成分が加わる．振動するばねや振り子などは，2 次遅れシステムを使って表現される．

6.6 ラプラス変換の応用

フーリエ変換/ラプラス変換の微分に関する性質を用いることで，微分方程式・積分方程式を簡単に解くことができる．ラプラス変換の応用は様々であるが，その本質は微分方程式・積分方程式の解法である．

6.6.1 畳み込み積分方程式

入力 $x(t)$ に対して出力 $y(t)$ が次の積分で与えられる場合，観測される出力 $y(t)$ から未知の入力 $x(t)$ を求める方程式を（第 1 種）**フレドホルム積分方程式**（**Fredholm integral equation**）と呼ぶ．

$$y(t) = \int_a^b k(t,\tau)x(\tau)d\tau \tag{6.55}$$

フレドホルム積分方程式では，入出力は線形の関係にある．ここで，関数 $k(t,\tau)$ は入出力の関係を記述する関数であり，核，あるいは積分核と呼ばれる．

フレドホルム積分の変数 t が時間を表す場合，出力 $y(t)$ は，t よりも未来の時間の入力 $x(\tau)$（$\tau > t$）に影響されることはない．$\tau > t$ のとき，従って積分を $\tau < t$ までとすれば

$$y(t) = \int_a^t k(t,\tau)x(\tau)d\tau \tag{6.56}$$

となる．これは（第 1 種）**ヴォルテラ積分方程式**（**Volterra integral equation**）と呼ばれる．

さらに積分核 $k(t,\tau)$ が 2 変数の差のみに依存する場合（$k(t,\tau) = k(t-\tau)$），ヴォルテラ積分方程式は**畳み込み方程式**と呼ばれる．式 (6.20) の通り，畳み込みはラプラス変換を行えば積に変換されるため，ラプラス変換を用いることで簡単に $y(t)$ から $x(t)$ を求めることができる．

6.6.2 電気回路

具体的な電子回路を例に微分方程式を解いてみよう．図 6.6 に示す RLC 直列回路を考えてみよう．抵抗，コイル，コンデンサと電流，電圧の関係は，

$$v_R(t) = Ri(t) \tag{6.57}$$

6.6 ラプラス変換の応用

$$v_L(t) = L\frac{d}{dt}i(t) \tag{6.58}$$

$$v_C(t) = \frac{1}{C}\int_0^t i(t)dt + v_C(0) \tag{6.59}$$

であり，$v(t) = v_R(t) + v_L(t) + v_C(t)$ が成り立つ．時刻 $t = 0$ でスイッチを入れ電圧 1 を入力すると，電源は単位ステップ関数 $v(t) = u(t)$ で表される．$v_C(0) = 0$ として，このときの各素子の電圧 $v_R(t)$, $v_L(t)$, $v_C(t)$ と電流 $i(t)$ を調べてみよう．

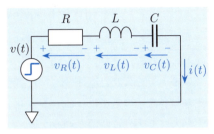

図 6.6 RLC 直列回路

式を整理すると，

$$u(t) = Ri(t) + L\frac{d}{dt}i(t) + \frac{1}{C}\int_0^t i(t)dt \tag{6.60}$$

となり，両辺をラプラス変換すると，微分方程式が s に関する恒等式へ変換される．

$$\frac{1}{s} = I(s)\left(R + Ls + \frac{1}{Cs}\right) \tag{6.61}$$

$$I(s) = \frac{1}{Ls^2 + Rs + \frac{1}{C}} \tag{6.62}$$

これは 2 次遅れシステムである．ここで，両辺を逆ラプラス変換すれば $i(t)$ が求められる．一般的な関数の逆ラプラス変換を計算するには，部分分数展開を利用し，対応表に基づいて逆変換を行う，または，留数定理を用いて複素積分を計算する方法がある．

式 (6.62) は部分分数展開可能であり，

$$I(s) = A\left(\frac{1}{(s+B_1)} - \frac{1}{(s+B_2)}\right) \tag{6.63}$$

$$A = \left(R^2 - \frac{4L}{C}\right)^{-\frac{1}{2}} \tag{6.64}$$

$$B_1 = \frac{1}{2}\left(\frac{R}{L} - \sqrt{\frac{R^2}{L^2} - \frac{4}{CL}}\right) \tag{6.65}$$

$$B_2 = \frac{1}{2}\left(\frac{R}{L} + \sqrt{\frac{R^2}{L^2} - \frac{4}{CL}}\right) \tag{6.66}$$

と表されるため，逆ラプラス変換 $i(t)$ は，

$$i(t) = A(\exp(-B_1 t) - \exp(-B_2 t)) \tag{6.67}$$

で与えられる．$v_R(t)$, $v_L(t)$, $v_C(t)$ については，式 (6.57), (6.58), (6.59) より求められる．

スイッチを入れた直後 ($t = 0$) では，$i(0) = 0$ ($i(0+) = 0$) である．このときの各素子の電圧は，$v_R(0) = 0$, $v_L(0) = 1$, $v_C(0) = 0$ である．スイッチを入れて十分に時間が経った後 ($t = +\infty$)，各素子の電圧は，$v_R(0) = 0$, $v_L(0) = 0$, $v_C(0) = 1$ である．

$R = 1\,[\Omega]$, $L = 1\,[\mathrm{mH}]$, $C = 1\,[\mathrm{mF}]$ のときの電流および各素子の電圧を図 6.7 に示す．

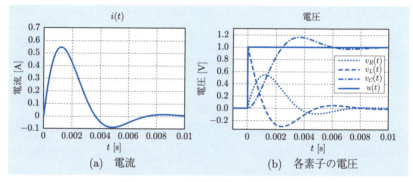

図 6.7　RLC 直列回路の電流，電圧

6.6.3　バターワースフィルタ

遮断周波数 Ω_0 のバターワースフィルタ (**Butterworth filter**) の伝達関数は，

$$H(s) = \frac{1}{\prod_{k=1}^{N} \Omega_0^{-1}(s - s_k)} \tag{6.68}$$

$$s_k = \Omega_0 \exp\left(j(2k + N - 1)\frac{\pi}{2N}\right) \tag{6.69}$$

で与えられる．s_k の偏角は，$(2k-1)\frac{\pi}{2N} + \frac{\pi}{2}$ [rad] である．$k = 1, \ldots, N$ について，偏角の第 1 項は $[0, \pi]$ を $2N$ 個に分割した $\frac{1}{2N}\pi, \frac{2}{2N}\pi, \ldots, \frac{N-1}{2N}\pi, \pi$ を 1 個おきに取ってくることを表す．第 2 項はこれを $\frac{\pi}{2}$ だけ回転することを表す．これにより，伝達関数 $H(s)$ の極をすべて安定領域 $\mathrm{Re}[s_k] < 0$ に配置されていることがわかる（$2N$ 個に分割しておくことで $\mathrm{Re}[s_k] = 0$ となる極が存在しない）．$N = 2, 3, 4$ における極を図 6.8 に示す．

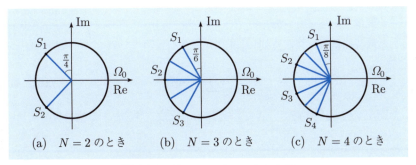

図 6.8 バターワースフィルタの極

$s = j\Omega$ を代入し，振幅特性を求めると，

$$|H(j\Omega)| = \frac{1}{\sqrt{1 + (\frac{\Omega}{\Omega_0})^{2N}}} \tag{6.70}$$

となる．$\Omega \ll \Omega_0$ では分母が 1 となり，$|H(j\Omega)| = 1$ である．$\Omega = \Omega_0$ では $|H(j\Omega)| = \frac{1}{\sqrt{2}}$ であり，$\Omega \gg \Omega_0$ では分母が大きくなり，$|H(j\Omega)| = 0$ となる．$\Omega_0 = 0.5$, $N = 2, 5, 10$ のときの振幅特性 $|H(j\Omega)|$ を図 6.9 に示す．

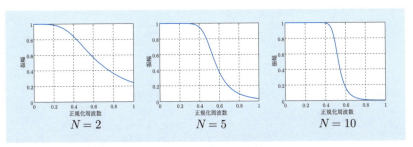

図 6.9 バターワースフィルタの振幅特性（$\Omega_0 = 0.5$）

6.7 z 変 換

コンピュータやディジタル回路上で標本化された信号を扱う場合には，離散時間信号を扱うこととなる．フーリエ変換を離散時間にしたものが離散時間フーリエ変換であったが，離散時間フーリエ変換もフーリエ変換と同様に変換係数が発散してしまうような信号を扱うことができない．そこで，ラプラス変換を離散時間にした **z 変換**（**z-transform**）を考える．

---
z 変換

離散時間信号（無限点列）$x[n]$ $(n = 0, 1, \ldots)$ について，
$$X(z) = \sum_{n=0}^{+\infty} x[n] z^{-n} \tag{6.71}$$
を $x[n]$ の z 変換と呼び，$X(z) = \mathcal{Z}[x[n]]$ と表記する．z は複素数の変数である．

ラプラス変換と同様に両側 z 変換を考えることもできるが本書では片側 z 変換のみを扱う．Ω を実数とし，$z = \exp(j\Omega)$ に限れば z 変換は離散時間フーリエ変換に一致する．

ラプラス変換は，関数に $\exp(-\sigma t)$ をかけてからフーリエ変換を行うことであった．z 変換も同様に点列 $x[n]$ に $\exp(-\sigma n)$ をかけてから離散時間フーリエ変換を行うことに相当する．離散ステップ関数を
$$u[n] = \begin{cases} 1 & (n \geq 0) \\ 0 & (n < 0) \end{cases} \tag{6.72}$$
として，$x[n] \exp(-\sigma n) u[n]$ を離散時間フーリエ変換してみよう．
$$\sum_{n=-\infty}^{+\infty} x[n] \exp(-\sigma n) u[n] \exp(-j\omega n) = \sum_{n=0}^{+\infty} x[n] \exp(-(\sigma + j\omega)n) \tag{6.73}$$
$z = \exp(\sigma + j\omega)$ とおくことにより，z 変換が得られる．

一般に逆 z 変換は，
$$x[n] = \frac{1}{j2\pi} \oint_C X(z) z^{n-1} dz \tag{6.74}$$

で与えられる．ここで C は，$X(z)z^{n-1}$ の極をすべて含む閉路である．このため，$x[n]$ は留数の総和として計算が可能である．詳細な解説は付録にて行う．実際に逆 z 変換を計算するときには，ラプラス変換と同様に部分分数展開と変換表を用いて計算することが多い．

6.7.1 z 変換の性質

離散時間フーリエ変換やラプラス変換の性質から大方の予想が付くと思われるが，z 変換の性質をまとめる．離散点列 $x[n]$, $x_1[n]$, $x_2[n]$ の z 変換をそれぞれ $X(z)$, $X_1(z)$, $X_2(z)$ とおき，収束する z の範囲のみを考える．$n < 0$ では，$x[n] = x_1[n] = x_2[n] = 0$ とする．

(1) 線形性: 任意の $\alpha, \beta \in \mathbb{C}$ について，$\mathcal{Z}(x_1[n] + x_2[n]) = X_1(z) + X_2(z)$.

(2) シフト：$L > 0$ 点だけ遅れた信号の z 変換は，$\mathcal{Z}[x[n-L]] = z^{-L}X(z)$ となる．このため，離散時間システムにおける遅延は z^{-L} と表記される．

(3) z 変換の微分：
$$\frac{d}{dz}X(z) = -z^{-1}\mathcal{Z}(nx[n]) \tag{6.75}$$

(4) 和の z 変換：
$$\mathcal{Z}\left[\sum_{m=0}^{n} x[m]\right] = \frac{X(z)}{1-z^{-1}} \tag{6.76}$$

(5) z 変換後の伸縮：
$$X(\alpha z) = \mathcal{Z}[\alpha^{-n}x[n]] \tag{6.77}$$

(6) 初期値・最終値の定理：
$$x(0) = \lim_{z \to +\infty} X(z) \tag{6.78}$$
$$\lim_{n \to +\infty} x[n] = \lim_{z \to 1} \frac{z-1}{z}X(z) \tag{6.79}$$

(7) 積と畳み込み：$n < 0$ において，$x_1[n] = x_2[n] = 0$ となるため，畳み込みは，以下のように定義できる．
$$(x_1 * x_2)[n] = \sum_{m=0}^{n} x_1[n-m]x_2[m] \tag{6.80}$$

畳み込みの z 変換は，

$$\mathcal{Z}((x_1 * x_2)[n]) = X_1(z)X_2(z) \tag{6.81}$$

となる．

6.7.2 z 変換の例

離散デルタ関数

離散デルタ関数

$$\delta[n] = \begin{cases} 1 & (n=0) \\ 0 & (\text{それ以外}) \end{cases} \tag{6.82}$$

の z 変換は，$\Delta(z) = z^0 = 1$ となり，z によらない定数関数となる．任意の z で収束する．

離散ステップ関数

離散ステップ関数

$$u[n] = \begin{cases} 1 & (n \geq 0) \\ 0 & (\text{それ以外}) \end{cases} \tag{6.83}$$

は，$\sum_{n=0}^{\infty}|u[n]|$ が発散するため，離散時間フーリエ変換を行うことができない．$u[n]$ の z 変換は，等比級数の性質より，

$$U(z) = \sum_{n=0}^{+\infty} z^{-n} \tag{6.84}$$

$$= \frac{1}{1-z^{-1}} \tag{6.85}$$

となる．収束域は公比の絶対値が 1 以下となる領域であり，$|z| \geq 1$ である．

指数関数

$f[n] = a^n u[n]$ の z 変換は，同様に等比級数の性質を利用することで，

$$F(z) = \sum_{n=0}^{+\infty} \left(\frac{a}{z}\right)^n = \frac{1}{1-az^{-1}} \tag{6.86}$$

となる．公比は $\frac{a}{z}$ であるため，収束域は $|z| \geq |a|$ となる．

正弦・余弦関数

正弦・余弦関数

$$x_s[n] = \sin(\omega n)u[n] \tag{6.87}$$

$$x_c[n] = \cos(\omega n)u[n] \tag{6.88}$$

の z 変換は,

$$X_s(z) = \frac{z\sin(\omega)}{z^2 - 2z\cos(\omega) + 1} \tag{6.89}$$

$$X_c(z) = \frac{z(z - \cos(\omega))}{z^2 - 2z\cos(\omega) + 1} \tag{6.90}$$

となり,収束域は $|z| > 1$ となる.

表 6.2　各種関数の z 変換

関数	表記	z 変換	収束域
デルタ関数	$\delta[n]$	1	$\mathbb{C}$
ステップ関数	$u[n]$	$\frac{1}{1-z^{-1}}$	$|z| > 1$
指数関数	$a^n u[n]$	$\frac{1}{1-az^{-1}}$	$|z| > |a|$
正弦関数	$\sin(\omega n)u[n]$	$\frac{z\sin(\omega)}{z^2-2z\cos(\omega)+1}$	$|z| > 1$
余弦関数	$\cos(\omega n)u[n]$	$\frac{z(z-\cos(\omega))}{z^2-2z\cos(\omega)+1}$	$|z| > 1$

6.8 z 変換の応用

6.8.1 差分方程式

ラプラス変換は，微分方程式を解くときに有効な方法であった．これに対して，z 変換は，ラプラス変換を離散化したものであり，差分方程式を解析するときに用いることができる．入力 $x[n]$ と出力 $y[n]$ が以下の関係で定義されている場合を考えよう．

$$y[n] = b_0 x[n] + b_1 x[n-1] + \cdots + b_N x[n-N]$$
$$+ a_1 y[n-1] + a_2 y[n-2] + \cdots + a_M y[n-M] \quad (6.91)$$
$$= \sum_{i=0}^{N} b_i x[n-i] + \sum_{j=1}^{M} a_j y[n-j] \quad (6.92)$$

つまり，n を時間として考えれば，時刻 n での出力が i だけ過去の入力 $x[n-i]$ と，j だけ過去の出力 $y[n-j]$ の線形和で表される．ディジタルシグナルプロセッサ（DSP）の一種は，入力信号 $x[n]$ に対して，上記の処理を行うことでフィルタリングを行う機能を持つ．$a_j = 0$ $(j = 1, \ldots, M)$ のときには，単位インパルス $\delta[n]$ を入力すると，時刻 N だけ過ぎた後には出力が 0 となるため，**有限インパルス応答（Finite Impulse Response；FIR）**を持つといい，そのフィルタを**有限インパルス応答（FIR）フィルタ**と呼ぶ．一方，係数 a_j のうち 1 つでも非零の値を持つときには，**無限インパルス応答（Infinite Impulse Response；IIR）**を持つといい，そのフィルタを**無限インパルス応答（IIR）フィルタ**と呼ぶ．差分方程式で与えられる FIR フィルタと IIR フィルタのブロック図を図 6.10 に示す．

式 (6.92) は，$a_0 = 1$ と定義すると，

$$\sum_{j=0}^{M} a_j y[n-j] = \sum_{i=0}^{N} b_i x[n-i] \quad (6.93)$$

と書ける．$a[n] = a_n$，$b[n] = b_n$ として，$a[n]$, $b[n]$, $x[n]$, $y[n]$ の z 変換をそれぞれ $A(z)$, $B(z)$, $X(z)$, $Y(z)$ とする．両辺を z 変換すれば，z 変換の伝達関数が得られる．

$$H(z) = \frac{Y(z)}{X(z)} = \frac{\sum_{i=0}^{N} b_i z^{-i}}{\sum_{j=0}^{M} a_j z^{-i}} = \frac{B(z)}{A(z)} \quad (6.94)$$

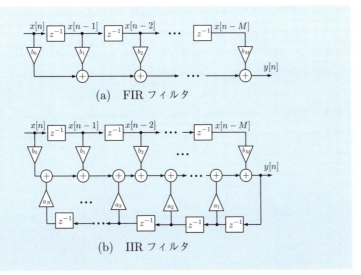

図 6.10 FIR フィルタと IIR フィルタのブロック図：z^{-1} は遅延素子を表す

システムの伝達関数が得られれば，どのような入力に対する出力も求めることができる．$z = \exp(j\omega)$ とおけば，離散時間フーリエ変換と同様に周波数応答が得られる．

6.8.2 差分方程式の安定性

式 (6.94) の $H(z)$ は z の有理関数で与えられる．このため，ラプラス変換で行ったように部分分数展開を考える．

$$H(z) = \sum_{j=0}^{N-M} d_j z^{-j} + \sum_{i=0}^{M} \frac{A_i}{1 - c_i z^{-1}} \quad (6.95)$$

$N < M$ のとき，第 1 項は 0 となる．ここで，c_i は伝達関数の極，すなわち $A(z) = 0$ の解である．第 1 項の逆 z 変換は定義より，$d_0, d_1, \ldots, d_{N-M}$ となる．第 2 項の逆 z 変換は，表 6.2 より，$\sum_{i=0}^{M} A_i c_i^n u[n]$ である．ここで，$|c_i| \geq 1$ となる係数が 1 つでもあれば時間領域の信号は発散してしまう．このため，システムの出力が有界であるための十分条件は $i = 0, \ldots, M$ に対して $|c_i| < 1$ である．複素平面上で考えれば「すべての極が単位円の内部に存在する」と言い換えることもできる．

ラプラス変換では,安定条件は,伝達関数のすべての極 a_i に対して,$\mathrm{Re}[a_i] < 0$,すなわち,極が複素平面上の左半平面に存在することであった.なぜ,ラプラス変換と z 変換で安定条件が異なるのであろうか？ 実は両者は全く同じことを言っている（図 6.11）.ラプラス変換の変数は $s = \sigma + j\omega$ とおいたが,z 変換では,$z = \exp(\sigma + j\omega)$ とおいている.z は複素平面上の原点から距離 $\exp(\sigma)$,実軸からの角度 ω で与えられるため,条件 $\mathrm{Re}[\sigma + j\omega] = \sigma < 0$ は,両辺の exp を取ることで $\exp(\sigma) < 1$ となる.すなわち,原点からの距離が 1 以下であることが安定条件となる.

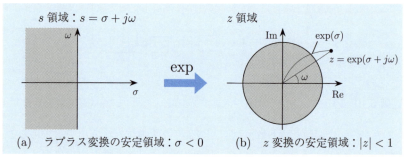

図 6.11 ラプラス変換と z 変換の安定領域

6 章 の 問 題

☐ **1** 式 (6.9) を示せ.

☐ **2** 式 (6.11) を示せ.

☐ **3** 式 (6.14), (6.15) を示せ.

☐ **4** 式 (6.20), (6.21) を示せ.

☐ **5** 図 6.6 において,時刻 $t=0$ で正弦波電源のスイッチを入れた場合 $v(t) = \sin(\omega t)u(t)$ の電流 $i(t)$ および各素子の電圧 $v_R(t)$, $v_C(t)$ を求めよ.ただし, $L=0$, $C = \frac{1}{(\alpha R)}$ ($\alpha \in \mathbb{R}$) とする.

☐ **6** 式 (6.28), (6.29) を示せ.

☐ **7** 部分分数展開を行うためには式 (6.30) の極を求める必要がある.すなわち $B(s) = 0$ の高次方程式を解く必要がある.代数学の基本定理は n 次方程式には,重解を含めて n 個の解があることを示すが,アーベル-ルフィニの定理では, $n \geq 5$ の場合には解の公式が存在せず,有限回の四則演算およびべき根演算では解を求めることができないことが示されている.

このため,数値計算で高次方程式を解く場合には,ニュートン法などを用いて, $B(s) = 0$ となる $s = s_0$ を求め,除算 $B'(s) = \frac{B(s)}{s - s_0}$ を行い, $B'(s) = 0$ を求める操作を繰り返す方法と, n 次方程式を n 次の固有値問題に変換し,QR 法などの固有値分解の手法を用いて解を求める方法がある[†3].

後者の場合を考えよう.多項式 $B(s) = s^n + b_{n-1}s^{n-1} + \cdots + b_1 s + b_0$ に対して, $n \times n$ 行列

$$\boldsymbol{B} = \begin{bmatrix} 0 & \cdots & 0 & -b_0 \\ 1 & & 0 & -b_1 \\ \vdots & \ddots & \vdots & \vdots \\ 0 & & 1 & -b_{n-1} \end{bmatrix} \quad (6.96)$$

を同伴行列(コンパニオン行列)と呼ぶ.このとき, $\boldsymbol{B}$ の固有値が $B(s)$ の根 ($B(s) = 0$ の解)となることを示せ.

☐ **8** 式 (6.89), (6.90) および,収束域が $|z| > 1$ となることを示せ.

[†3] 固有値問題は,数値解析ライブラリ LAPACK を用いて解くことができる.MATLAB や Python の Numpy, R においても LAPACK が利用されている.

第7章

時間周波数解析

　人が本を声に出して読み，その音声信号を解析することを考える．本1冊を読んだ音声信号全体をフーリエ変換して，周波数成分を取り出したとしても，全体として声の周波数が高いとか低いとかはわかるかもしれないが，あまり有意義な情報は得られそうもない．信号から「あ」，「い」のような音素の部分を取り出してフーリエ変換すれば，その音素に関する周波数成分の情報を取り出すことが可能で，音声認識などに使うことができそうである．これは音素の周波数成分は声帯の振動周波数や声道の形によって決まり，人は声に出したい音素によって声帯の振動周波数と声道の形を変化させ，声の周波数成分が変化するからである．このように周波数成分が時間とともに変化する信号を**非定常信号**（non-stationary signal）と呼ぶ．非定常信号を解析するためには，ある時刻における周波数成分を知ることが必要である．このための方法を，**時間周波数解析**（time-frequency analysis）と呼ぶ．

- 7.1　短時間フーリエ変換
- 7.2　修正離散コサイン変換
- 7.3　ウェーブレット変換

7.1 短時間フーリエ変換

7.1.1 瞬時周波数

ある時刻における周波数のことを**瞬時周波数**（instantaneous frequency）と呼ぶが，これを厳密に考えることは難しい．2つの近い周波数の正弦波を分別するためには，その信号を長時間計測して正弦波との内積を計算する必要がある．そうすると，その周波数成分がどの時間のものであるかが正確にはわからなくなる．また，正弦波に分解する大きな理由の1つに，正弦波を線形システムに入力しても，出力は同じ周波数の正弦波で，振幅と位相だけしか変わらないということがあるが，有限時間で打ち切った正弦波に対する出力は，一般には有限時間の正弦波とはならない．このことは，7.1.4項「フーリエ変換における不確定性原理」で詳しく述べる．信号に含まれる周波数成分を厳密に時間とともに求めることはできないが，時間周波数解析のために近似的に短時間フーリエ変換やウェーブレット変換が用いられる．

7.1.2 短時間フーリエ変換

整数上で定義された離散時間信号 $x[n]$ ($n = 0, \pm 1, \pm 2, \ldots$) を原信号とする．これを離散時間フーリエ変換したものを $X(e^{j\omega})$ ($-\pi \leq \omega \leq \pi$) とする．$n = 0$ 付近の周波数成分を調べたいとする．最も基本的な方法は，信号 $x[n]$ から $n = -N$ から N までの $2N+1$ 個のデータを取り出して，それ以外を0として離散時間フーリエ変換することである．変換された関数 $X_S(e^{j\omega})$ で表すと次式が成立する．

$$X_S(e^{j\omega}) = \sum_{n=-N}^{N} x[n] \exp(-j\omega n) \tag{7.1}$$

しかし，このままでは区間の両端で信号が急に打ち切られるため，その不連続性が変換した結果に悪影響をおよぼすことがある．その影響を少なくするために，両端で次第に値が0に近くなる関数を重みとして信号にかけたものを，離散時間フーリエ変換することが多い．このようなものを**短時間フーリエ変換**（short-time Fourier transform）と呼ぶ．

7.1 短時間フーリエ変換

■ 例題 7.1

$\lfloor a \rfloor$ で, a を越えない最大整数を表す (床 (フロア) 関数 (**floor function**)). 周期 M, デューティ比 (**duty ratio**) d (1 周期の間で 1 である時間の割合) の矩形波 $x[n]$

$$x[n] = \begin{cases} 1 & (0 \leq \frac{n}{M} - \lfloor \frac{n}{M} \rfloor < d) \\ 0 & (d \leq \frac{n}{M} - \lfloor \frac{n}{M} \rfloor < 1) \end{cases} \quad (7.2)$$

を, 切り出す幅と位置を変えて離散時間フーリエ変換をするとどのようになるか考察せよ. なお, $\frac{n}{M} - \lfloor \frac{n}{M} \rfloor$ で, $\frac{n}{M}$ の小数部分を表すことができる.

【解答】 元の信号は離散信号であるが, 簡単のため連続的関数のグラフで表現する.

図 7.1 は, $d = 0.5$ の場合の矩形波である. 切り出し 1 は $-M$ 以上 $2M$ 未満, 切り出し 2 は 0 以上 M 未満, 切り出し 3 は $\frac{M}{4}$ 以上 $\frac{5M}{4}$ 未満, 切り出し 3 は 0 以上 $\frac{5M}{4}$ 未満で, 切り出したものである.

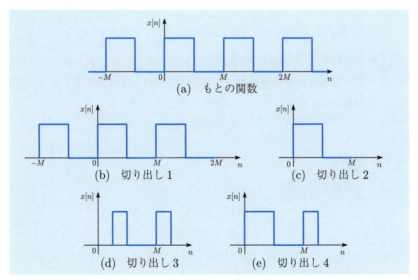

図 7.1 矩形波の切り出し

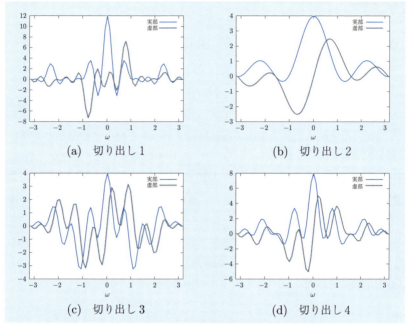

図 7.2 矩形波を切り出し離散時間フーリエ変換したもの

切り出し方によって，高い周波数成分が混ざることがわかる．$M = 8$ の場合に実際に離散時間フーリエ変換したものを図 7.2 に示す．切り出し 3 と 4 で高周波成分が多いことがわかる．また，同じ信号でも切り出し方によって，グラフが異なることもわかる． □

7.1.3 窓関数

整数上の関数 $w_S[n]$ を，

$$w_S[n] = \begin{cases} 1 & (-N \leq n \leq N) \\ 0 & (それ以外) \end{cases} \tag{7.3}$$

とおく．$w_S[n]$ と $x[n]$ の積を離散時間フーリエ変換したものは，式 (7.1) の $X_S(\omega)$ と等しくなる．長い信号列から重みをかけてその一部を取り出す関数を**窓関数（window function）**と呼ぶ．特に，式 (7.3) の $w_S[n]$ は形が矩形であるため，**矩形窓関数（rectangular window function）**と呼ばれる．その

7.1 短時間フーリエ変換

他にも**ハミング窓関数（Hamming window function）**，ガウス窓関数，ブラックマン窓関数などが使われる．ハミング窓関数 $w_\mathrm{H}[n]$ は次式で表される．

$$w_\mathrm{H}[n] = \begin{cases} 0.54 + 0.46 \cos \frac{\pi n}{N} & (-N \leq n \leq N) \\ 0 & (\text{それ以外}) \end{cases} \tag{7.4}$$

矩形窓関数とハミング窓関数を図 7.3 (a) と (b) に示す．ハミング窓関数は，その cos 関数成分のため，$n=0$ がピークで，$n=\pm N$ で 0 の次に小さい正の値 (0.08) を取る．両端の境界で多少不連続性が残るが，矩形関数に比べれば不連続性は小さくなる．

窓関数を時間軸方向に平行移動し，信号との積を計算し，離散時間フーリエ変換を施せば，窓関数の中心時刻付近の周波数成分がわかる．短時間フーリエ変換は，窓関数を平行移動させながら離散時間フーリエ変換を施すことによって，任意時刻において信号の周波数解析を行う手法である．

一般に窓関数を $w[n]$ とおき，それを離散時間フーリエ変換したものを $W(e^{j\omega})$ とおく．矩形窓関数とハミング窓関数を離散時間フーリエ変換したもの $W_\mathrm{S}(e^{j\omega})$

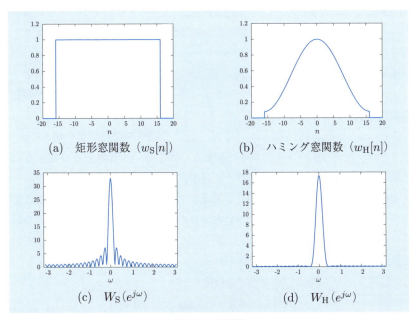

(a) 矩形窓関数 ($w_\mathrm{S}[n]$) (b) ハミング窓関数 ($w_\mathrm{H}[n]$)

(c) $W_\mathrm{S}(e^{j\omega})$ (d) $W_\mathrm{H}(e^{j\omega})$

図 7.3 窓関数

と $W_{\mathrm{H}}(e^{j\omega})$ を，それぞれ図 7.3 (c) と (d) に示す．両方の窓関数とも偶関数であるため，離散時間フーリエ変換した関数の虚数成分は 0 となる．

$w[n]$ と $x[n]$ の積 $w[n]x[n]$ を離散時間フーリエ変換したものを $X_{\mathrm{W}}(e^{j\omega})$ と記せば，$X_{\mathrm{W}}(e^{j\omega})$ は $W(e^{j\omega})$ と $X(e^{j\omega})$ の畳み込み積分で与えられる．

$$X_{\mathrm{W}}(e^{j\omega}) = \frac{1}{2\pi}W(e^{j\omega}) * X(e^{j\omega}) = \frac{1}{2\pi}\int_{-\infty}^{\infty} W(e^{j(\omega-\alpha)})X(e^{j\alpha})d\alpha \quad (7.5)$$

窓関数には矩形窓関数やハミング窓関数のように，$\omega=0$ 付近で大きな値を持ち，それ以外では小さい値を持つ関数が選ばれる．例えば，$x[n]$ がある角周波数 ω_0 の正弦波 $\cos\omega_0 n$ に十分長い時間等しく，それ以外では 0 である場合は，$X(e^{j\omega})$ は $\pm\omega_0$ で非常に大きな値を持ち，その他ではほぼ 0 になる．この関数に窓関数をかけて離散時間フーリエ変換したものは，$\pi(W(e^{j(\omega-\omega_0)})+W(e^{j(\omega+\omega_0)}))$ になる．そのグラフを見れば，$\omega=\pm\omega_0$ 付近で値が大きくなっているため，元の信号の周波数が ω_0 付近にあるということがわかる．$W_{\mathrm{S}}(e^{j\omega})$ のグラフを見ると，$\omega=0$ 付近で山になっている．それを**メインローブ（main lobe）**と呼ぶ．メインローブ以外の山を**サイドローブ（side lobe）**と呼ぶ．メインローブの山は多少広がっているため，1 つの周波数の正弦波でも窓関数をかけると周波数に広がりを持つようになる．例えば，2 つの周波数 ω_1 と ω_2 正弦波が加算された信号の場合，$\pi(W(e^{j(\omega-\omega_1)})+W(e^{j(\omega+\omega_1)}))$ と $\pi(W(e^{j(\omega-\omega_2)})+W(e^{j(\omega+\omega_2)}))$ の加算になる．2 つの角周波数 ω_1 と ω_2 が近い場合，メインローブが重なってしまい，2 つの信号が分離できなくなる．従って，メインローブの山の幅はできるだけ狭い方がよい．

また，ω_1 と ω_2 の値が離れていても，ω_2 の正弦波の振幅が低い場合，ω_1 のサイドローブと ω_2 のメインローブが重なってしまい，それらを分離することが難しくなる．従って，サイドローブはできるだけ低い方がよい．この両方の要求に応えるため，様々な窓関数が考えられている．$W_{\mathrm{S}}(e^{j\omega})$ と $W_{\mathrm{H}}(e^{j\omega})$ を比べると，メインローブの幅は矩形窓関数の方が狭いが，サイドローブの高さはハミング窓関数の方が低い．このように一長一短があるが，一般には矩形窓関数はサイドローブが高過ぎて使いにくい．

短時間フーリエ変換の例を示す．原信号を

$$x[n] = \begin{cases} \sin\frac{\pi}{3}n + 0.5\sin\frac{\pi}{2}n & (n < 0) \\ \sin\frac{\pi}{3}n + 0.5\sin\frac{\pi}{4}n & (n \geq 0) \end{cases} \quad (7.6)$$

7.1 短時間フーリエ変換

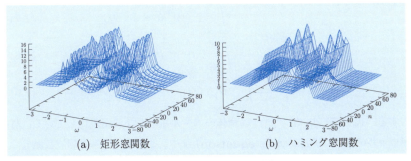

(a) 矩形窓関数　　　(b) ハミング窓関数

図 7.4　短時間フーリエ変換

とする．$n=0$ を境に，第 2 項の正弦波の周波数を変化させている．$N=16$ とした矩形窓関数およびハミング窓関数を用いて短時間フーリエ変換したものが，それぞれ図 7.4 (a) および (b) である．$n=0$ を境に高さが低い方の周波数が変化していることがわかる．矩形窓関数では，サイドローブが大きく，周波数の変化が検出しにくい．ハミング窓関数を使った方が，結果がなめらかで，周波数の変化を検出しやすい．ただし，両者ともメインローブの高さが一定であるはずであるが，振動していることがわかる．これは，$N=16$ が短いため，窓関数で取り出す正弦波の位置により，周波数成分の大きさが変化するからである．

7.1.4　フーリエ変換における不確定性原理

量子力学におけるハイゼンベルクの**不確定性原理**（**uncertainty principle**）は，位置と運動量の両方が正確に定まる量子状態は存在しないことを示している．これをフーリエ変換に関して述べれば，時間と周波数の両方が正確に定まる関数は存在しないということができる．ここでは連続時間上の関数を考える．すなわち，窓関数 $w(t)$ を信号 $x(t)$ にかけて，フーリエ変換する短時間フーリエ変換を考える．短時間フーリエ変換によって得られるものは，窓関数をフーリエ変換したものと，元の関数をフーリエ変換したものの畳み込み積分になる．

窓関数は時間的にも周波数的にも狭い範囲で値が大きく，それ以外では値が小さい方がよい．しかしながら，両方の幅を狭くすることはできない．数学的に扱うために，この幅を分散を使って表す．$x(t)$ を正規化するために，

$$\int_{-\infty}^{\infty} |x(t)|^2 dt = 1 \tag{7.7}$$

$$\int_{-\infty}^{\infty} t|x(t)|^2 dt = 0 \tag{7.8}$$

$$\frac{1}{2\pi}\int_{-\infty}^{\infty} \Omega|X(\Omega)|^2 d\Omega = 0 \tag{7.9}$$

とする．式 (7.7) は，信号 $x(t)$ の全体のエネルギーを 1 に正規化している．パーゼヴァルの等式（**Parseval's equation**）より，この仮定のもと周波数軸上でも

$$\frac{1}{2\pi}\int_{-\infty}^{\infty} |X(\Omega)|^2 d\Omega = 1 \tag{7.10}$$

が成立する．式 (7.8) は，$x(t)$ のパワーの時間分布の平均が $t=0$ であることを示している．同様に式 (7.9) は，周波数軸においても，パワーの周波数分布の平均が $\Omega = 0$ であることを示している．

このように正規化を仮定しても本質は変わらない．A, t_0, Ω_0 を定数として，$x(t)$ を $A\exp(i\Omega_0 t)x(t-t_0)$ と置き換えることによって，パワーの大きさや周波数分布の平均値を変更することが可能である．このように変換しても，信号の時間軸や周波数軸での分布の広がりは変化しないため，式 (7.7)～(7.9) を満たす関数に制限することができる．

この正規化の仮定のもと，時間軸，周波数軸上の $x(t)$ の分散を次式で定義する．

$$\sigma_t^2 = \int_{-\infty}^{\infty} t^2 |x(t)|^2 dt \tag{7.11}$$

$$\sigma_\Omega^2 = \frac{1}{2\pi}\int_{-\infty}^{\infty} \Omega^2 |X(\Omega)|^2 d\Omega \tag{7.12}$$

それぞれ，被積分関数の t^2, Ω^2 の因子のため，$|x(t)|^2$, $|X(\Omega)|^2$ がグラフの横軸に関して左右に広がっているほど，σ_t, σ_Ω が大きくなる．フーリエ変換における不確定性原理とは，

$$\sigma_t \sigma_\Omega \geq \frac{1}{2} \tag{7.13}$$

が成立することである．すなわち，時間に関する広がりと周波数に関する広がりの積は下に有界であり，両者を同時に小さくすることはできない．等号が成立する条件は，$x(t)$ が，

7.1 短時間フーリエ変換

$$x(t) = \left(\frac{1}{2\pi\sigma_t^2}\right)^{\frac{1}{4}} \exp\left(\frac{-t^2}{4\sigma_t^2}\right) \tag{7.14}$$

というガウス関数（**Gaussian function**）になることである．このとき，$X(\Omega)$ もガウス関数となる．

[証明] $x(t)$ が微分可能な実数関数であり，$t \to \pm\infty$ で $|x(t)|^2$ が多項式よりも速く 0 に収束する場合に証明する．$\dot{x}(t)$ で，$x(t)$ の時間微分を表す．

$$\dot{x}(t) = \frac{1}{2\pi} \int_{-\infty}^{\infty} (i\Omega) X(\Omega) \exp(j\Omega t) d\Omega$$

$\dot{x}(t)$ に対するパーゼヴァルの等式（**Parseval's equation**）を使えば，

$$\int_{-\infty}^{\infty} |\dot{x}(t)|^2 dt = \frac{1}{2\pi} \int_{-\infty}^{\infty} |(j\Omega) X(\Omega)|^2 d\Omega$$
$$= \frac{1}{2\pi} \int_{-\infty}^{\infty} \Omega^2 |X(\Omega)|^2 d\Omega = \sigma_\Omega^2$$

となる．ここで，$|x(t)|^2$ を時間微分すると，$2x(t)\dot{x}(t)$ になる．従って，$t|x(t)|^2$ は $t \to \pm\infty$ で 0 に収束するため，部分積分を使えば，

$$\int_{-\infty}^{\infty} tx(t)\dot{x}(t) dt = \frac{1}{2} \int_{-\infty}^{\infty} t \frac{d}{dt} |x(t)|^2 dt$$
$$= \frac{1}{2} \left[t|x(t)|^2\right]_{-\infty}^{\infty} - \frac{1}{2} \int_{-\infty}^{\infty} |x(t)|^2 dt = -\frac{1}{2}$$

となる．また，コーシー-シュワルツの不等式（**Cauchy-Schwarz inequality**）より，

$$\left|\int_{-\infty}^{\infty} tx(t)\dot{x}(t) dt\right| \leq \sqrt{\int_{-\infty}^{\infty} t^2 |x(t)|^2 dt} \sqrt{\int_{-\infty}^{\infty} |\dot{x}(t)|^2 dt} = \sigma_t \sigma_\Omega$$

が成立するため，式 (7.13) が証明できる．また，等号が成立する条件は，任意に固定した定数 α に対して，

$$\dot{x}(t) = \alpha t x(t)$$

であるから，積分定数 C と共に，

$$x(t) = \exp\left(\frac{-\alpha t^2}{2} + C\right)$$

となる．式 (7.7)，(7.10) の制約条件から，式 (7.14) が求まる． ■

7.2　修正離散コサイン変換

　短時間フーリエ変換では，時間を一定長の区間に区切って周波数を解析する．このとき，信号が区切られてしまう不具合を軽減するために窓関数をかけ，区間端付近の信号の大きさを小さくすることによって，その影響を小さくした．しかしながら，変換された信号から元の信号を復元しようとすると，区間両端では絶対値が小さな値で割らなくてはいけないため，大きな誤差が生じる可能性がある．単純な方法として，時間区間をオーバラップさせ，時間の 1 点に関して複数の区間で変換し，その点が中央付近になっている部分の周波数解析の結果を使うことが考えられる．しかしながら，これではデータ量が増え，解析結果をデータ量の圧縮に使うためには非効率になってしまう．

　この問題を解決するために，重複変換が提案されている．例えば区間長を $2N$ とし，区間を N ずつずらしながら，周波数成分を得ることを考える．離散コサイン変換などでは，1 つの区間から $2N$ 個の周波数成分が出力されてしまい，データ量が 2 倍になってしまう．重複変換では，長さ $2N$ の区間から N 個の周波数成分を取り出す．この N 個の周波数成分から逆変換しても，長さ $2N$ の時間領域のデータを完全に復元することはできないが，ある領域に対して，それを含んでいる変換のためのすべての区間において逆変換し，それらの総和を取れば，元の信号を完全に復元することができる．修正離散コサイン変換は，最もよく使われる重複変換の 1 つである．

　$n = 0, 1, \ldots, 2N-1$ と $m = 0, 1, \ldots, N-1$ に対して，**修正離散コサイン変換（Modified DCT；MDCT）**は，

$$X[m] = \sum_{n=0}^{2N-1} x[n] \cos\left[\frac{\pi}{N}\left(n + \frac{1}{2} + \frac{N}{2}\right)\left(m + \frac{1}{2}\right)\right] \tag{7.15}$$

で，逆修正離散コサイン変換（**Modified IDCT；IMDCT**）は，

$$x[n] = \sum_{k=0}^{N-1} X[m] \cos\left[\frac{\pi}{N}\left(n + \frac{1}{2} + \frac{N}{2}\right)\left(m + \frac{1}{2}\right)\right] \tag{7.16}$$

で与えられる．MDCT は $2N$ 点から N 点への，IMDCT は N 点から $2N$ 点への変換である．

7.2 修正離散コサイン変換

7.2.1 MP3

MDCT/IMDCT の応用に関して述べる．音楽を携帯ミュージックプレイヤーやパソコンで聴くことが増えている．音をディジタルデータとして保存するために各種の規格があるが，これらの規格の目的は，できるだけ音を劣化させずに，音を保存するためのデータ量を削減することである．このための規格の中で，基本的であり現在も使われているものに **MP3（MPEG Layer 3）** がある．パソコンならば，名前の末尾（拡張子）が.mp3 となっているファイルの中身が，MP3 によって変換されたものである．

元となる音響データは，例えばコンパクトディスク（CD）の場合，音圧などをマイクロフォンで電気信号に替え，1秒間に 44,100 回程度その電圧を計測する．1つの電圧は 65,536（16bit）の分解能の整数で表される．1秒間に電圧を取り出す回数は，人間が聴くことができる音の限界の周波数が 20kHz であることから，標本化定理によって決められている．

このままではデータ量が大きいため，MP3 などで圧縮する．扱う信号が1次元であるが，MP3 の処理は 5.4.2 項で述べた JPEG と似ている．基本的には，ブロック化，変換，量子化，係数符号化からなる．ただし，MP3 ではブロック化において，周期的に存在するブロック境界によって不自然な音が加わることを避けるために，ブロックを重複（オーバラップ）させ，変換/逆変換に MDCT/IMDCT を用いている．

7.3 ウェーブレット変換

フーリエ変換では信号を周波数の異なる正弦波に分解する．そして，それらの正弦波は直交していた．正弦波は信号の全区間に一様に広がる波であるが，ウェーブレットは波束を意味し，その絶対値が大きくなる部分が集中している関数を元にして，それを拡大・縮小，平行移動した関数の線形和によって原信号を表す．縮小によって高い周波数の成分を，拡大によって低い周波数の成分を表し，平行移動によって，その成分の場所を表す．このような変換を**ウェーブレット変換**（**wavlet transform**）と呼ぶ．

7.3.1 連続ウェーブレット変換

$\psi(t)$ を信号を表すための元になる関数とする．$\psi(t)$ は**マザーウェーブレット**（**mother wavelet**）と呼ばれる．一般には，$\psi(t)$ の値は複素数でもよい．$\psi(t)$ をフーリエ変換したものを $\Psi(\Omega)$ で表せば，

$$C = \int_{-\infty}^{\infty} \frac{|\Psi(\Omega)|^2}{|\Omega|} d\Omega \qquad (7.17)$$

が有界である（有限値である）ものとする．例えば，メキシカンハット関数

$$\psi(t) = (1 - t^2) \exp\left(\frac{-t^2}{2}\right) \qquad (7.18)$$

などが使われる．このとき，$\psi(\frac{t-b}{a})$ は，$\psi(t)$ を t 軸方向に b だけ平行移動し，a 倍に拡大したものになる．a はスケールと呼ばれる．**連続ウェーブレット変換**（**Continuous Wavelet Transform；CWT**）は，$x(t)$ に対して，

$$X(a, b) = \frac{1}{\sqrt{|a|}} \int_{-\infty}^{\infty} x(t) \overline{\psi\left(\frac{t-b}{a}\right)} dt \qquad (7.19)$$

により求まる．すなわち，信号と，様々にスケールや平行移動によって位置を変えたマザーウェーブレットとの内積が，変換したものの値になる．1 変数関数から 2 変数関数となり，変数の自由度が増えている．

フーリエ変換同様に，CWT には逆変換が存在する．すなわち，式 (7.17) の C を使って $X(a, b)$ から $x(t)$ を，

$$x(t) = \frac{1}{C} \int_{-\infty}^{\infty} \int_{-\infty}^{\infty} \frac{X(a,b)}{a^2} \psi\left(\frac{t-b}{a}\right) da db \quad (7.20)$$

によって求めることができる．

7.3.2 離散ウェーブレット変換

間違いやすいため，最初に説明しておくが，**離散ウェーブレット変換**（**discrete wavelet transform**）という名前は，離散時間信号を扱うための理論のように聞こえるが，そうではなく，基本的には連続時間上の関数を扱うための理論である．ここでの「離散」は，表現する関数の元となる**スケーリング関数**（**scaling function**）の拡大・縮小および平行移動を離散的に行うという意味で使われている．離散ウェーブレット変換で表現する関数は，そのような関数の1次結合で表される関数である．一般には，スケーリング関数を $p = 0, \pm 1, \pm 2, \ldots$ に対する 2^{-p} 倍の拡大・縮小，および，それぞれの拡大・縮小に対応して $\pm n 2^{-p}$ ($n = 0, \pm 1, \pm 2, \ldots$) だけ平行移動して合成する．連続ウェーブレット変換では，ウェーブレット関数が元の関数を表現したが，離散ウェーブレット変換では，ウェーブレット関数は別の目的で使われる．

入力が離散時間信号の場合には，連続関数であるスケーリング関数を使って，離散時間信号を連続関数に変換したものを扱っていると考える．離散時間信号を $x[n]$，その標本化周期を T_s，スケーリング関数を $\phi(t)$ とすれば，

$$\sum_{n=-\infty}^{\infty} x[n] \phi(t - nT_s)$$

が，その連続関数である．

以下，簡単のため $T_s = 1$ とする．スケーリング関数 $\phi(t)$ を t 軸に関して 2^{-p} 倍に縮小し，t 軸方向に $-2^{-p}n$ だけ平行移動した関数は，$\phi(2^p t + n)$ となる（関数ノルムの正規化係数を省略している）．関数空間 V_p を，$\phi(2^p t + n)$ ($n = 0, \pm 1, \pm 2, \ldots$) が張る空間とする．$V_p$ は，p が大きいほどより細かく（周波数の高い成分まで含み），平行移動の間隔も短くしたスケーリング関数で張られていることになる．このとき，V_p が V_{p+1} に含まれるように，スケーリング関数 $\phi(t)$ を選ぶ．すなわち，スケーリング関数 $\phi(t)$ は，それを t 軸方向に2分の1に縮小し，複数の幅で平行移動した関数 $\phi(2t + n)$ ($n = 0, \pm 1, \pm 2, \ldots$) の線形和で表すことができるように選ぶ．このようなスケーリング関数から生

成された基底関数で信号を分解することを，**多重解像度解析**と呼ぶ．p を大きくすれば，V_p でほとんどの信号を表すことができる．

次に，W_p を V_{p+1} の中の V_p の補空間とする．W_p はある関数 $\psi(t)$ を元にした，$\psi(2^p t + n)$ $(n = 0, \pm 1, \pm 2, \ldots)$ によって張られるものとする．この $\psi(t)$ を**ウェーブレット関数**（**wavelet function**）と呼ぶ．以上の仮定により，V_{p+1} の関数は，V_p の関数と W_p の関数の和で表すことができる．そして，V_p が V_{p+1} の低周波成分，W_p が V_{p+1} の高周波成分を表していることになる．

原信号（連続信号）$x(t)$ が V_0 に属しているものとする．すなわち，

$$x(t) = \sum_{n=-\infty}^{\infty} x_0[n] \phi(t+n) \tag{7.21}$$

が成立するものとする．この信号は V_{-1} と W_{-1} の信号の和に分解して表すことができる．

$$x(t) = \sum_{n=-\infty}^{\infty} x_{-1}[n] \phi(2^{-1}t + n) + \sum_{n=-\infty}^{\infty} y_{-1}[n] \psi(2^{-1}t + n) \tag{7.22}$$

V_0 における係数 $x_0[n]$ から V_{-1} における係数 $x_{-1}[n]$ と W_{-1} における係数 $y_{-1}[n]$ を求めるためには，まず，$x_0[n]$ にあるローパスフィルタ（インパルス応答 $h[n]$）とハイパスフィルタ（インパルス応答 $g[n]$）を施す．すなわち，$x_0[n]$ と $h[n]$，$x_0[n]$ と $g[n]$ の畳み込み和を計算する．畳み込みで得られるデータを $\frac{1}{2}$ に間引き，それぞれのデータ長を半分にすればよい．そして，得られた $y_{-1}[n]$ はそのまま利用するが，$x_{-1}[n]$ はさらに $x_{-2}[n]$ と $y_{-2}[n]$ に分解していく（図 7.5(a) 左）．

次に，**逆離散ウェーブレット変換**（**Inverse DWT ; IDWT**）を説明する．$x_{-1}[n]$ と $y_{-1}[n]$ から $x_0[n]$ を求める場合は，まず，$x_{-1}[n]$ と $y_{-1}[n]$ の各データの間に値が 0 である点を挿入し，データ長を 2 倍にする．そして，そのデータに対して，一般には分解時とは別のローパスフィルタ $\tilde{h}[n]$ とハイパスフィルタ $\tilde{g}[n]$ を施し，その 2 つの結果を加算すればよい．

離散ウェーブレット変換のためのフィルタ $h[n]$, $g[n]$, $\tilde{h}[n]$, $\tilde{g}[n]$ は，多数提案されている．画像符号化（JPEG2000）では，フィルタ関数の点数（タップ数）が，7 または 9 であるドベシィ（I. Daubechies）の 9-7 フィルタが用いられる．

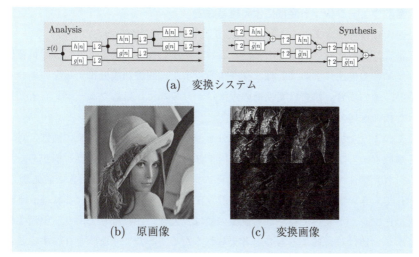

(a) 変換システム

(b) 原画像　　　　　(c) 変換画像

図 7.5　離散ウェーブレット変換

2 次元信号の場合は，DCT と同様に縦と横に対してそれぞれ変換する．図 7.5(c) は，図 7.5(b) の原画像をウェーブレット変換して得られた係数であり，画像の左上が縦横とも低周波成分，左下が横が低周波成分で縦が高周波成分，右上が横が高周波成分で縦が低周波成分，右下が縦横とも高周波成分の係数を表している．左上は両方とも低周波成分の係数であるため，さらに分解していく．図 7.5(c) は 3 回の分解を行った結果である．

図 7.5(c) の最も低い周波数成分の係数（左上の画像）は，最低周波数成分を間引きして得られたものであり，原画像を縮小したようなものになっている．

それ以外の成分を見てみよう．そのような成分の画像では，画像中のエッジなど画素値が急に変化しているところ以外は，値が小さい（白黒の階調で言えば黒い）ことがわかる．各点での値の絶対値が大きいか，ほぼ 0 であるかの 2 つの場合になっている．これは，画素値があまり変化していない部分の情報は，最も低い周波数成分だけによって表現することができるため，高周波成分はほぼ 0 になり，逆に，エッジのような画像で明るさが急に変化する場所で，高周波成分が大きな値を持つからである．

離散ウェーブレット変換による雑音除去

画像に雑音が含まれることがある．例えば光が光子からなることによるショット雑音，センサやアナログ増幅器における熱雑音などである．これらの雑音は画像に中の場所によらず一様に存在する．また，周波数成分によらない場合も多い．その場合，雑音は変換前の画像ばかりでなく，離散ウェーブレット変換した後の画像でも一様に存在する．

このような場合に画像中の雑音成分を減らすことを考える．まず画像に対して離散ウェーブレット変換を施す．得られた画像の各点の値の絶対値がある決められた値よりも小さい場合には，その画素値を0にする（しきい値処理）．そしてしきい値処理したものを逆離散ウェーブレット変換する．これは，離散ウェーブレット変換で得られる画像の値は，大きいかほぼ0であり，中途半端に小さい値は雑音によるものと考えられるため，そのような値を0にすることによって雑音を除去することができる．

図7.6 (a) は雑音を含んだ画像であり，これをもとに上記方法で雑音除去を行ったものが，図7.6 (b) である．原画像のエッジを保存しながら，雑音が除去された画像が得られていることがわかる．

(a) 雑音を含んだ画像　　(b) 雑音を除去した画像

図 7.6　離散ウェーブレット変換による雑音除去

離散ウェーブレット変換による画像符号化

JPEG2000 は，2000 年に制定された標準画像符号方式である．画像の品質があまり要求されないような場面では，既存の JPEG に比べて半分ぐらいのデータ量まで画像データを圧縮することが可能と言われている．変換して得られた画像 (図 7.5 (c)) の値を 2 進数の整数で表し，その各桁を集めた 0 または 1 の値からなる画像（ビットプレーン，**bitplane**）を上の桁から順番にビット列に変換する．変換によって，大きな値を持つ点を少なくすることができるため，データ量を圧縮することができる．

また，図 7.5 (c) を見れば，最も低い周波数成分を除いて，次のことがわかる．ある周波数成分で絶対値が大きい位置に関して，別の周波数成分の，画像の内容としてその位置と対応する位置においても，絶対値が大きい場合が多い（例えば，物体の輪郭はどの周波数成分でも絶対値が大きくなることが多い）．このことは，逆に値が小さい場合でも成立している．従って，低周波成分の値から高周波成分のある点の絶対値が大きいか小さいかを予測することが可能になる．この予測によって，値の桁数に関する情報を送るデータ量を削減することができるため，画像を送るデータ量をさらに圧縮することができる．

7 章 の 問 題

1 $x[n]$ から,$n=l$ を始点にして N 点取り出し,DFT したものを $X[m,l]$ で表す.式で表せば,

$$X_\mathrm{S}[m,l] = \sum_{n=0}^{N-1} x[n+l] W_N^{-mn}$$

となる.データを取り出す箇所を 1 つずつ移動させながら DFT を計算することを考える.l を 1 ずつ増やしながら上式を計算すると,計算負荷が大きくなる.このとき,次の関係が成立することを示せ.

$$X_\mathrm{S}[m,l+1] = \{X_\mathrm{S}[m,l] - x[l] + x[l+N]\} W_N^m$$

この関係によって,l が 1 つ少ないときの結果を使うことによって,DFT の計算における N 個の和を計算する必要がなくなるため,計算量を削減することができる.

2 問 1 のままでは,矩形窓関数でしか実現できない.窓関数 $w[n]$ がハミング窓のように,少ない数(P 個)の低周波正弦波で実現できるものとする.すなわち,窓関数が次式を満たすものとする.

$$w[n] = \sum_{p=0}^{P} \left(a_p W^{-pm} + \overline{a_p} W^{pm} \right)$$

窓関数の値は一般に実数であるため,第 2 項を付加している.ハミング窓の場合,$P=1$ で $a_0 = 0.27$,$a_1 = 0.23$ である.このとき,次式が成立することを示せ.

$$X_\mathrm{S}[m,l] = \sum_{p=0}^{P} \left(a_p X_\mathrm{S}[m+p,l] + \overline{a_p} X_\mathrm{S}[m-p,l] \right)$$

ここで,$m+p$ および $m-p$ が,0 から $N-1$ に含まれないときは,それらの N で割ったときの余りの値を取るものとする.この式より,矩形窓関数の結果から任意の窓関数に対する結果を得ることができる.例えば,ハミング窓ならば,次式で計算できる.

$$X_\mathrm{H}[m,l] = 0.54 X_\mathrm{S}[m,l] + 0.23(X_\mathrm{S}[m+1,l] + X_\mathrm{S}[m-1,l]) \tag{7.23}$$

付　　　録

ここではフーリエ解析で必要な複素関数の微分，積分の解説を行う．フーリエ解析に必要な話題に限って簡潔に最低限の解説を行う．厳密な議論については複素関数論の教科書を参照されたい．複素積分から，テイラー展開を見直し，ローラン展開を導く．後に示す通り，フーリエ級数展開や離散時間フーリエ変換，z 変換はこのローラン展開の特殊な場合であることを示す．

A.1　複素関数の微分とコーシー-リーマンの関係式

実関数に対する微積分は高校数学でもある程度学んでいるであろう．ここでは，複素関数（定義域も値域も $\mathbb{C}$ の部分集合である関数）の微積分とその性質について考えてみよう．複素関数も実関数と同様に微分が定義される．

複素関数の微分

複素関数 f について極限値

$$f'(z_0) := \lim_{h \to 0} \frac{f(z_0 + h) - f(z_0)}{h} \tag{A.1}$$

が存在するとき，f は z_0 で微分可能であるといい，$f'(z_0)$ を微分係数と呼ぶ．

D を，複素数全体の集合 $\mathbb{C}$ の空でない開集合とし，f が D の各点で微分可能であるとき，f は D で**正則**（**holomorphic**）であると呼び，$f'(z)$ $(z \in D)$ を導関数と呼ぶ．特に $D = \mathbb{C}$ のときには f は**整関数**（**entire function**）と呼ばれる．

実数の微分の場合には，式 (A.1) の分母 h が 0 に近づくというのは，正の数から 0 に近づくときと負の数から 0 に近づくときがあり，この 2 つの場合のどちらも同じ値とならなければ微分可能とはならなかった．さて，いまは h は複素数である．複素数 h が 0 に近づくとは実軸上だけではなく，複素平面上のあらゆる方向から 0 に近づいても同じ値とならなければならない．大雑把に言えば複素関数は実関数と比較して微分可能の条件が厳しい．

2 変数実関数 $u(x,y)$, $v(x,y)$ を使って，このことを調べてみよう．$z = x + jy$ と

し，複素関数 $f(z) = u(x,y) + jv(x,y)$ を考える．$h = h_r + jh_i$ が実軸方向に 0 に近づく場合には，

$$f'_R(z) = \lim_{h_r \to 0} \frac{f(x+jy+h_r+j0) - f(x+jy)}{h_r + j0} \tag{A.2}$$

$$= \lim_{h_r \to 0} \frac{u(x+h_r,y) + jv(x+h_r,y) - \{u(x,y) + jv(x,y)\}}{h_r} \tag{A.3}$$

$$= \frac{\partial u(x,y)}{\partial x} + j\frac{\partial v(x,y)}{\partial x} \tag{A.4}$$

虚軸方向から 0 に近づく場合には，

$$f'_I(z) = \lim_{h_i \to 0} \frac{f(x+jy+jh_r) - f(x+jy)}{0 + jh_i} \tag{A.5}$$

$$= \lim_{h_i \to 0} \frac{u(x,y+h_i) + jv(x,y+h_i) - \{u(x,y) + jv(x,y)\}}{jh_i} \tag{A.6}$$

$$= \frac{\partial v(x,y)}{\partial y} - j\frac{\partial u(x,y)}{\partial y} \tag{A.7}$$

式 (A.4) と (A.7) が一致するということは，次のコーシー-リーマンの関係式が満たされることである．

コーシー-リーマンの関係式

$$\frac{\partial u(x,y)}{\partial x} = \frac{\partial v(x,y)}{\partial y} \tag{A.8}$$

$$\frac{\partial v(x,y)}{\partial x} = -\frac{\partial u(x,y)}{\partial y} \tag{A.9}$$

複素関数 f が D 上で正則であるならば，対応する実関数 $u(x,y)$ と $v(x,y)$ は対応する定義域において微分可能であり，コーシー-リーマンの関係式を満たす．さらに，逆に実関数 $u(x,y)$ と $v(x,y)$ が D 上でコーシー-リーマンの関係式を満たすならば，$f(x+jy) = u(x,y) + jv(x,y)$ は D 上で正則となることも言える．すなわち，コーシー-リーマンの関係式は複素関数 f が正則となるための必要十分条件である．コーシー-リーマンの関係式を満たさない勝手な $u(x,y)$ と $v(x,y)$ を使って複素関数を $f(x+jy) = u(x,y) + jv(x,y)$ と定義しても f は正則とはならない．整関数の例は，多項式 $f(z) = \alpha_0 + \alpha_1 z + \alpha_2 z^2 + \cdots + \alpha_n z^n$ であり，整関数でない例は $f(z) = \overline{z}$ である．領域 D で f が正則であれば，f は無限回微分可能である．すなわち，対応する $u(x,y), v(x,y)$ も無限回微分可能である．

A.2　複素積分とコーシーの積分定理

微分の次は積分を考えてみよう．実関数 $f(x)$ の定積分（リーマン積分）$\int_a^b f(x)dx$ は，ある実区間 $[a,b]$ を $a = x_0 < x_1 < \cdots < x_{n-1} < x_n = b$ と細かく分割していき，区間 $[x_i, x_{i+1}]$ 内の x 軸と $f(x)$ の面積の総和，

$$\sum_{i=1}^{n} f(t_i)(x_i - x_{i-1}) \quad (x_{i-1} \leq t_i \leq x_i) \tag{A.10}$$

の極限 $(n \to \infty,\ \max_i(x_i - x_{i-1}) \to 0)$ で定義された（図 A.1(a)）．複素関数の場合には定義域が複素数であるため，実区間 $[a,b]$ ではなく，「複素平面上の曲線」を考え，曲線を細かく分割して積分を考える．

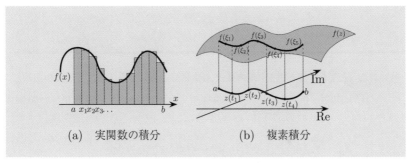

図 A.1　実関数の積分と複素積分

実パラメータ t を持つ複素平面上の曲線 C

$$z(t) = x(t) + jy(t) \quad (t \in [a,b]) \tag{A.11}$$

を考える．特に始点と終点が同じ場合 $(z(a) = z(b))$，曲線 C は閉曲線と呼ばれる．実関数の場合と同様に $z(t)$ を細かく分割しよう．$a = t_0 < t_1 < \cdots < t_{n-1} < x_n = b$ として，総和

$$L_n = \sum_{i=1}^{n} |z(t_i) - z(t_{i-1})| \tag{A.12}$$

がどんな分割方法でも有限の値を取るときに C は有限の長さを持つと呼び，極限 $L = \lim_{n \to \infty} L_n$ を C の長さと呼ぶ．実関数の積分を拡張し，複素関数の積分を定義する（図 A.1(b)）．

複素積分 [†1]

有限な長さを持つ曲線 $C: z(t)$ ($a \le t \le b$) 上で定義された連続な複素関数 f を考える. 曲線を n 個に分割し, $a = t_0 < t_1 < \cdots < t_{n-1} < t_n = b$ として, $t_{i-1} \le \xi_i \le t_i$ に対して,

$$S_d := \sum_{i=1}^{n} f(z(\xi_i))(z(t_i) - z(t_{i-1})) \tag{A.13}$$

とおく. 分割の数を増やし ($n \to \infty$), 全区間について長さを 0 に近づけたとき ($\max_i(t_i - t_{i-1}) \to 0$), S_d は分割および ξ_i の取り方によらず, 一定の値となるならば, これを

$$\int_C f(z)dz \tag{A.14}$$

と表記して f の C に沿った複素積分と呼ぶ. 特に C が閉曲線のときには, $\oint_C f(z)dz$ と表記する.

複素関数 $f(z)$ を実部と虚部に分割して複素積分を考えてみよう. 有限長の曲線 C を $z(t) = x(t) + jy(t)$ ($a \le t \le b$) とし, $\Delta x_i = x(t_i) - x(t_{i-1})$, $\Delta y_i = y(t_i) - y(t_{i-1})$, $f(z) = u(x,y) + jv(x,y)$ とする. このとき,

$$\begin{aligned}S_d = &\sum_{i=1}^{n}(u(x(\xi_i), y(\xi_i))\Delta x_i - v(x(\xi_i), y(\xi_i))\Delta y_i) \\ &+ j(u(x(\xi_i), y(\xi_i))\Delta y_i + v(x(\xi_i), y(\xi_i))\Delta x_i)\end{aligned} \tag{A.15}$$

である. 分割数 n を増やし, $\max_i \Delta x_i \to 0$, $\max_i \Delta y_i \to 0$ とすれば,

$$\int_C f(z)dz = \int_C u(x,y)dx - v(x,y)dy + j\int_C v(x,y)dx + u(x,y)dy \tag{A.16}$$

が得られる. これは, 複素積分が実部, 虚部ごとの線積分で計算可能であることを示している. C が閉曲線の場合には, さらにグリーンの定理を用いることで,

$$\oint_C f(z)dz = \iint_D \left(-\frac{\partial u}{\partial y} - \frac{\partial v}{\partial x}\right)dxdy + j\iint_D \left(\frac{\partial u}{\partial x} - \frac{\partial v}{\partial y}\right)dxdy \tag{A.17}$$

と変形できる. ここで D は閉曲面 C によって囲まれる領域を表す. さらに f が領域 D で正則であるとき, コーシー-リーマンの関係式 (式 (A.8), (A.9)) より, 次の定理が導かれる.

[†1] 複素関数に限らず, 一般的に関数 $z(t)$ を用いる積分はリーマン-スティルチェス積分 (**Riemann-Stieltjes integral**) と呼ばれる.

コーシーの積分定理

単連結領域 D において f が正則のとき,D 内の任意の閉曲線 C に対して,$\oint_C f(z)dz = 0$ となる.

単連結領域 D とは,D 内の任意の単一閉曲線 C に対して C の内部が D に含まれるような領域を表す.例えば,図 A.2 の (c) のような場合,内部の空洞を含むような大きい C を取ると C の内部が D に含まれないため,単連結領域ではない.

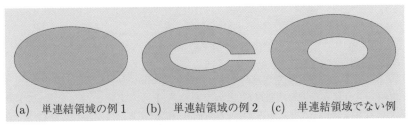

(a) 単連結領域の例 1   (b) 単連結領域の例 2   (c) 単連結領域でない例

図 A.2　単領域の例

複素積分の定義より,曲線を逆向きに b から a に向かって積分を行った場合には,符号が反転することが直ちに確認できる.

$$\int_{-C} f(z)dz = -\int_C f(z)dz \tag{A.18}$$

さらに,$a \leq c \leq b$ なる点 c で曲線を分割し,a から c までの曲線を C_1,c から b までの曲線を C_2 とすれば,

$$\int_C f(z)dz = \int_{C_1} f(z)dz + \int_{C_2} f(z)dz \tag{A.19}$$

と分割できる.

A.3　留　数

コーシーの積分定理より,関数 f が常に正則であれば閉曲線に沿った積分が 0 になることが確認できる.次は正則でない場合を考えてみよう.正則ではない関数をすべて考えることは難しいため,正則でないけれども性質のよい関数に限って議論を進める.

領域 D において正則な関数の商で表される関数を有理型関数と呼ぶ.これに対して多項式の商で表される関数を有理関数と呼ぶ.多項式は整関数であるため,有理関

数は有理型関数である．有理型関数 f の分母の関数が 0 となる点 a では微分可能ではないため，f は点 a では正則ではない．しかし，a からほんの少しでも離れれば f は正則となる．このような点を**孤立特異点**（isolated singularity）と呼ぶ [†2]．

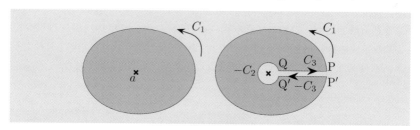

図 A.3 積分経路の変更

図 A.3 のように関数 f が孤立特異点 a を除いて正則であるとする．このとき，図 A.3(a) のように a を囲む閉曲線 C_1 と a を囲わず，P から出発し，C_1 を通って P′ へ行き，$-C_3$ を経由して Q′ から C_2 を反対回り（時計回り）に回ってから Q, P への閉曲線 $C' = C_1 + C_3 - C_2 - C_3$ を考える．ここで点 P と P′，Q と Q′ は限りなく近いものと考え，C_2 は反時計回りを正とするため，符号を負にする．このとき，コーシーの積分定理より，$\int_{C'} f(z)dz = 0$ であるため，

$$\int_{C_1} f(z)dz = \int_{C_2} f(z)fz \tag{A.20}$$

が得られる．すなわち，孤立特異点を 1 つ含むような閉曲面の積分はその孤立特異点周りの積分で計算できる．そこで，特異点 a_i の周りの積分を

$$\mathrm{Res}[f, a_i] := \frac{1}{j2\pi} \int_{C_i} f(z)dz \tag{A.21}$$

と定義し，f の点 a_i における**留数**（residue）と呼ぶ [†3]．ここで閉曲線 C_i は孤立特異点 a_i を含み，反時計回りとする．同様に図 A.4 のように孤立特異点が有限個の場合を考えれば留数定理が導かれる．

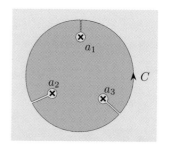

図 A.4 孤立特異点が複数あるとき

[†2] 有理型関数に限らない場合には，真性特異点と呼ばれる厄介な孤立特異点がある場合もあるが本書では有理型関数のみを考える．

[†3] 係数 $\frac{1}{j2\pi}$ が付くのが妙であるが，後述のコーシーの積分公式，ローラン展開から導かれる場合には自然な定義となっている．

A.3 留数

―― 留数定理 ――――――――――――――――――――――――――――――

D を単一閉曲線 C で囲まれた領域とし，有理型関数 f は有限個の孤立特異点 $a_1, a_2, \ldots, a_k$ を除いて正則であるとする．このとき，

$$\oint_C f(z)dz = j2\pi \sum_{i=1}^{k} \mathrm{Res}[f, a_i] \tag{A.22}$$

が成り立つ．閉曲線 C は反時計回りとする．

――――――――――――――――――――――――――――――――――

孤立特異点 $a_1, \ldots, a_k$ を持つ関数

$$f(z) = \frac{g(z)}{\prod_{i=1}^{k}(z - a_k)} \tag{A.23}$$

を考えてみよう．ここで，$g(z)$ は D で正則であるとする．$a_1, \ldots, a_k$ を含む閉曲線 C に沿った $f(z)$ の積分を考えると図 A.4 のように考えれば，

$$\oint_C f(z)dz = \sum_{i=1}^{k} \oint_{C_i} f(z)dz \tag{A.24}$$

のように分解ができる．ここで，C_i は孤立特異点 a_i を 1 つだけ含み，それ以外は正則である閉曲線である．

コーシーの積分定理より，閉曲線 C_i が a_i を含んでいれば，経路の取り方で積分値は変化しない．そこで，a_i を中心とする半径 $r > 0$ の複素平面上の円

$$z(\theta) = r \exp(j\theta) + a_i \tag{A.25}$$

を $\theta = 0$ から $\theta = 2\pi$ まで動かして積分を行う．$dz = jr \exp(j\theta)d\theta$ より，

$$\oint_C f(z)dz = \int_0^{2\pi} \frac{g(r \exp(j\theta) + a_i)}{r \exp(j\theta)} jr \exp(j\theta) d\theta \tag{A.26}$$

$$= j \int_0^{2\pi} g(r \exp(j\theta) + a_i) d\theta \tag{A.27}$$

となる．半径 r は円が唯一の孤立特異点 a_i を含んでいればどのような値でも構わないため，$r \to 0$ とする．このとき，被積分関数は θ に関して定数となるため，

$$\oint_{C_i} f(z)dz = j2\pi g(a_i) \tag{A.28}$$

が得られる．以上の議論より次の留数に関する性質が得られる．

―― 留数の性質 1 ――

$\lim_{z \to a}(z-a)f(z)$ が有限な値を持つときは,留数は以下となる.

$$\mathrm{Res}[f, a] = \lim_{z \to a}(z-a)f(z) \tag{A.29}$$

また,式 (A.28) は,**コーシーの積分公式**と呼ばれる.

―― コーシーの積分公式 ――

関数 f が D において正則であり,単一閉曲線 C はその内部と共に D に含まれるとする.このとき C の内部の点 z に対して,以下が成り立つ.

$$f(z) = \frac{1}{j2\pi}\oint_C \frac{f(w)}{w-z}dw \tag{A.30}$$

式 (A.23) の $f(z)$ が

$$f(z) = \frac{g(z)}{\prod_{i=1}^{k}(z-a_k)^{q_k}} \tag{A.31}$$

のような形で与えられていたら $q_k > 1$ のとき,$\lim_{z \to a_k}(z-a_k)f(z)$ が有限な値を持つとは限らない.

ここで,**位数(order)**を定義する.f がテイラー展開可能であり,$(z-a)^n$ の係数 c_n が $0 \le n < m$ について $c_n = 0$ であり,$c_m \ne 0$ であるとき,m を関数 f の点 a における位数と呼ぶ.簡単のため,孤立特異点が a のみで,a における位数が 2 である関数

$$f(z) = \frac{g(z)}{(z-a)^2} \tag{A.32}$$

を考えよう.$g(z)$ は D で正則であるとする.コーシーの積分公式の両辺を微分すれば,

$$g'(a) = \frac{1}{j2\pi}\oint_C \frac{g(z)}{(z-a)^2}dz \tag{A.33}$$

$$= \frac{1}{j2\pi}\oint_C f(z)dz \tag{A.34}$$

が得られる[†4].一般に,位数が $m+1$ の場合には,m 階微分を考える.

$$g^{(m)}(a) = \frac{m!}{j2\pi}\oint_C \frac{g(z)}{(z-a)^{m+1}}dz \tag{A.35}$$

これより,次の性質が得られる.

[†4] 微分の定義に従って計算すれば,ここでは微分と積分の順序を交換することができることがわかる.

留数の性質 2

有理型関数 f の孤立特異点 a における位数が m のとき，留数は以下となる．

$$\operatorname{Res}[f,a] = \frac{1}{(m-1)!} \lim_{z \to a} \frac{d^{m-1}}{dz^{m-1}}[(z-a)^m f(z)] \tag{A.36}$$

A.4 ローラン展開

図 A.5(a) のように孤立特異点 a と単一閉曲線 $C: C_1 \to A_1 \to -C_2 \to -A_2$ を考える．A_1 と $-A_2$ は十分に近く打ち消し合うとする．コーシーの積分公式より，C とその内部で正則な関数 f は，単一閉曲線 C の内部の点 z について

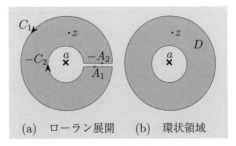

(a) ローラン展開　(b) 環状領域

図 A.5 ローラン展開と環状領域

$$f(z) = \frac{1}{j2\pi} \oint_{C_1} \frac{f(w)}{w-z} dw - \frac{1}{j2\pi} \oint_{C_2} \frac{f(w)}{w-z} dw$$

が得られる．ここで第 1 項は，

$$\frac{1}{j2\pi} \oint_{C_1} \frac{f(w)}{w-z} dw = \frac{1}{j2\pi} \oint_{C_1} \frac{f(w)}{w-a} \frac{1}{1-\frac{z-a}{w-a}} dw \tag{A.37}$$

である．$|z-a| < |w-a|$ であるため，等比級数に関する性質

$$\frac{1}{1-\frac{z-a}{w-a}} = \sum_{k=0}^{\infty} \left(\frac{z-a}{w-a}\right)^k \tag{A.38}$$

を利用すれば，式 (A.35) の性質より，

$$\frac{1}{j2\pi} \oint_{C_1} \frac{f(w)}{w-z} dw = \frac{1}{j2\pi} \oint_{C_1} \sum_{k=0}^{\infty} \frac{f(w)(z-a)^k}{(w-a)^{k+1}} dw \tag{A.39}$$

$$= \sum_{k=0}^{\infty} \frac{1}{k!} f^{(k)}(a)(z-a)^k \tag{A.40}$$

となる．第 2 項は同様に

$$\frac{1}{j2\pi}\oint_{C_2}\frac{f(w)}{w-z}dw = \frac{1}{j2\pi}\oint_{C_2}\frac{f(w)}{z-a}\cdot\frac{1}{1-\frac{w-a}{z-a}}dw \qquad (A.41)$$

$$=\sum_{k=1}^{\infty}\frac{1}{j2\pi}\oint_{C_2}f(w)(w-a)^k dw\frac{1}{(z-a)^{k+1}} \qquad (A.42)$$

となる．総和を $k=1$ から変更している点に注意する．経路 C_1, C_2 を近づけて同一の経路として式 (A.39), (A.42) をまとめると，**ローラン展開（Laurent expansion）**が得られる．

ローラン展開

関数 f が点 a を内部に含む環状領域 D（図 A.5(b)）で正則であり，

$$f(z) = \sum_{n=-\infty}^{\infty} c_n(z-a)^n \qquad (A.43)$$

$$c_n = \frac{1}{j2\pi}\oint_C \frac{f(w)}{(w-a)^{n+1}}dw \qquad (A.44)$$

と展開できる．ここで単一閉曲線 C は点 a を内部に含み D 上にある．積分は反時計回りを正とする．

もし，環状領域 D の内部で f が正則であれば，C_2 に沿った積分は 0 となり，ローラン展開はテイラー展開となる．

式 (A.43), (A.44) において，$a=0$ および n の符号を反転させると z 変換と逆 z 変換（式 (6.71), (6.74)）に対応することがわかる．すなわち，z 変換はローラン展開の特殊形である．

ローラン展開の変数 z を単位円上に限り，$z=\exp(j\theta)$，$\tilde{f}(\theta)=f(\exp(j\theta))$，$a=0$ としてみよう．$dw = j\exp(j\theta)$ より

$$\tilde{f}(\theta) = f(\exp(j\theta)) = \sum_{n=-\infty}^{\infty} c_n \exp(j\theta n) \qquad (A.45)$$

$$c_n = \frac{1}{2\pi}\int_0^{2\pi}\tilde{f}(\theta)\exp(-j\theta n)d\theta \qquad (A.46)$$

が得られる．$\tilde{f}(\theta)$ は，$n\in\mathbb{Z}$ について $\tilde{f}(\theta+2\pi n)=\tilde{f}(\theta)$ となる周期関数である．周期が T になるように変数変換 $\theta=\frac{2\pi}{T}t$ を行えば，これは第 1 章で扱ったフーリエ級数に他ならない．すなわち，フーリエ級数もローラン展開の特殊形である．同様に $\theta=-\omega$ とおき，f が周波数領域で周期的な関数であると考えれば第 4 章で扱った離散時間フーリエ変換とその逆変換となる．フーリエ級数と離散時間フーリエ変換は，単に時間領域と周波数領域の物理量を入れ替えたものであり，数学的に見れば等価な概念である．

章末問題解答

第1章

1 $\sin(x)$ のマクローリン展開 (1.25) より明らか.

2 (1)$\iff$(3):A の各列ベクトルを $A = [a_1|\ldots|a_N]$ とおけば,$A^\top A$ の i,j 要素は,$a_i^\top a_j = \begin{cases} 1 & (i=j) \\ 0 & (i\neq j) \end{cases}$ であり,$A^\top A = I$ となる.$a_1,\ldots,a_N$ は1次独立であるため A は可逆であり,$A^\top = A^{-1}$ が成り立ち ($A^{-1} = (A^\top A)A^{-1} = A^\top(A^{-1}A) = A^\top$),(1)$\Rightarrow$(3) が成立する.逆もまた同様に成立する.

(2)$\iff$(3):上記「(1)$\iff$(3)」の A と $A^\top$ を入れ替えることで成立することが確認できる.

(3)$\Rightarrow$(4):ノルムは非負であるため (4) の左辺を2乗して $\|Af\|_2^2 = f^\top A^\top A f = f^\top f = \|f\|_2^2$ が任意の f について成り立つ.

(4)$\Rightarrow$(1):f が i 番目の標準基底のとき,$f = e_i$ より,$\|Af\|^2 = \|a_i\|^2$.一方,$\|f\|^2 = \|e_i\|^2 = 1$ より,$\|a_i\|^2 = 1$ が成立.
f が2つの標準基底の和であるとき,$f = e_i + e_k$ より,$\|Af\|^2 = 2 + a_i^\top a_k$.一方,$\|f\|^2 = 2 + e_i^\top e_k$ より,$a_i^\top a_k = \begin{cases} 1 & (i=k) \\ 0 & (i\neq k) \end{cases}$ が成立.任意の i,k について $\|Af\|_2 = \|f\|_2$ であるため,$a_1,\ldots,a_N$ は正規直交基底をなす.

3 式 (5.11) とその証明を参照.

4 α をスカラーとして,$\|\alpha x + y\|^2$ は,$0 \leq \|\alpha x + y\|^2$ を満たす.右辺を展開して α について整理し,$f(\alpha) = \|x\|^2 \alpha^2 + 2\langle x,y \rangle \alpha + \|y\|^2$ とおく.$f(\alpha)$ が任意の α について非負であるとき,α についての2次関数 $f(\alpha)$ の判別式が0以下である.すなわち,$|\langle x,y \rangle|^2 - \|x\|^2 \|y\|^2 \leq 0$ より,コーシー-シュワルツの不等式を得る.

5 微分を計算することで,$f_0(t) = 1$,$f_1(t) = t$,$f_2(t) = \frac{1}{2}(3t^2 - 1)$,$f_3(t) = \frac{1}{2}(5t^3 - 3t)$ となり,内積の計算を確認することで示せる.例えば,$\langle f_1, f_2 \rangle = \frac{1}{2} \int_{-1}^{+1} t(3t^2 - 1)dt$

となる．積分の中身は奇関数であり $[-1, +1]$ で積分を行えば 0 となることが確認できる．

6 三角関数の性質から $\langle f_0, f_n \rangle = 0$ は明らか．n, m がともに奇数のとき，積和公式 (1.8) を用いると，$\langle f_n, f_m \rangle = \int_{-\pi}^{\pi} \cos\left(\frac{n+1}{2}t\right) \cos\left(\frac{m+1}{2}t\right) dt = \frac{1}{2} \int_{-\pi}^{+\pi} \cos\left(\frac{m+n+1}{2}t\right) + \cos\left(\frac{n-m}{2}t\right) dt = 0$ となる．m, n が奇数と偶数となる場合，ともに偶数になる場合も同様に示せる．

7 $\langle \tilde{g}_{n+1}, g_m \rangle = \langle f_{n+1} - \sum_{i=1}^{n} \langle f_{n+1}, g_i \rangle g_i, g_m \rangle = \langle f_{n+1} g_m \rangle - \sum_{i=1}^{n} \langle f_{n+1}, g_i \rangle \langle g_i, g_m \rangle$. $g_i \ (i = 1, \ldots, n)$ は正規直交系であるため，$i = m$ のときのみ $\langle g_i, g_m \rangle = 1$ となり，直交性が示される．

第 2 章

1 基本的には，フーリエ係数を求める式に，関数を代入して計算するだけである．

(1) まず，$a_0 = \frac{2}{T} \int_0^T x(t) dt = \frac{2}{T} \frac{T}{2} = 1$ である．これは t 軸と三角波で囲まれた部分の体積であるからに他ならない．また，$x(t)$ が周期 T であることから，区間 $0 \leq t < T$ の積分は，区間 $-\frac{T}{2} \leq t < \frac{T}{2}$ に等しい．この区間に対応する関数 $x(t)$ は $x(t) = \begin{cases} -\frac{2}{T}t & (-\frac{T}{2} \leq t < 0) \\ \frac{2}{T}t & (0 \leq t < \frac{T}{2}) \end{cases}$ である．従って，

$$a_k = \frac{2}{T} \int_0^T x(t) \cos\left(\frac{2\pi k}{T}t\right) dt = \frac{2}{T} \int_{-\frac{T}{2}}^{\frac{T}{2}} x(t) \cos\left(\frac{2\pi k}{T}t\right) dt$$

$$= \frac{2}{T} \int_{-\frac{T}{2}}^{0} \left(-\frac{2}{T}t\right) \cos\left(\frac{2\pi k}{T}t\right) dt + \frac{2}{T} \int_0^{\frac{T}{2}} \left(\frac{2}{T}t\right) \cos\left(\frac{2\pi k}{T}t\right) dt$$

$$= \frac{4}{T^2} \int_0^{-\frac{T}{2}} t \cos\left(\frac{2\pi k}{T}t\right) dt + \frac{4}{T^2} \int_0^{\frac{T}{2}} t \cos\left(\frac{2\pi k}{T}t\right) dt$$

$$= \frac{4}{T^2} \int_0^{\frac{T}{2}} (-t) \cos\left(-\frac{2\pi k}{T}t\right)(-dt) + \frac{4}{T^2} \int_0^{\frac{T}{2}} t \cos\left(\frac{2\pi k}{T}t\right) dt$$

$$= \frac{8}{T^2} \int_0^{\frac{T}{2}} t \cos\left(\frac{2\pi k}{T}t\right) dt = \frac{8}{T^2} \left[\frac{T}{2\pi k} t \sin\left(\frac{2\pi k}{T}t\right)\right]_0^{\frac{T}{2}} - \frac{8}{T^2} \int_0^{\frac{T}{2}} \frac{T}{2\pi k} \sin\left(\frac{2\pi k}{T}t\right) dt$$

$$= -\frac{8}{T^2} \left[\left(\frac{T}{2\pi k}\right)^2 (-t) \cos\left(\frac{2\pi k}{T}t\right)\right]_0^{\frac{T}{2}} = \frac{2}{\pi^2 k^2} (\cos \pi k - 1) = \frac{2}{\pi^2 k^2} \{(-1)^k - 1\}$$

である．次に，

$$b_k = \frac{2}{T} \int_{-\frac{T}{2}}^{0} \left(-\frac{2}{T}t\right) \sin\left(\frac{2\pi k}{T}t\right) dt + \frac{2}{T} \int_0^{\frac{T}{2}} \left(\frac{2}{T}t\right) \sin\left(\frac{2\pi k}{T}t\right) dt$$

$$= \frac{2}{T} \int_0^{-\frac{T}{2}} \left(\frac{2}{T}t\right) \sin\left(\frac{2\pi k}{T}t\right) dt + \frac{2}{T} \int_0^{\frac{T}{2}} \left(\frac{2}{T}t\right) \sin\left(\frac{2\pi k}{T}t\right) dt$$

$$= \frac{2}{T} \int_0^{\frac{T}{2}} \left(-\frac{2}{T}t\right) \sin\left(-\frac{2\pi k}{T}t\right)(-dt) + \frac{2}{T} \int_0^{\frac{T}{2}} \left(\frac{2}{T}t\right) \sin\left(\frac{2\pi k}{T}t\right) dt$$

$$= -\frac{2}{T} \int_0^{\frac{T}{2}} \left(\frac{2}{T}t\right) \sin\left(\frac{2\pi k}{T}t\right) dt + \frac{2}{T} \int_0^{\frac{T}{2}} \left(\frac{2}{T}t\right) \sin\left(\frac{2\pi k}{T}t\right) dt$$

$$= 0$$

となる．従って，フーリエ級数は $x(t) = \frac{1}{2} + \frac{2}{\pi^2 k^2} \sum_{k=1} \{(-1)^k - 1\} \cos\left(\frac{2\pi k}{T} t\right) = \frac{1}{2} - \frac{4}{\pi^2 (2k-1)^2} \sum_{k=1} \cos\left(\frac{2\pi(2k-1)}{T} t\right)$ である．最後の等式での変形は，k が偶数のときは $\{(-1)^k - 1\} = 0$ となることから，奇数項のみを改めて級数で表現したことによる．

(2) この関数は $x(t) = \frac{1}{2}(\sin t + |\sin t|)$ と表現できることに注意しよう．$|\sin t|$ は全波整流された正弦波なので，すでに求めた式 (2.18) を用いて，$x(t) = \frac{1}{2}\sin t + \frac{1}{\pi} - \frac{2}{\pi}\sum_{k=1}^{\infty} \frac{1}{4k^2-1} \cos(2kt)$ を得る．

(3) このフーリエ級数も，素直に計算すれば求められる．

$$a_0 = \frac{2}{T}\int_0^T \frac{t}{T} dt = \frac{2}{T^2}\left[\frac{1}{2}t^2\right]_0^T = 1$$

$$a_k = \frac{2}{T}\int_0^T \frac{t}{T} \cos\left(\frac{2\pi k}{T}\right) dt$$
$$= \frac{2}{T^2}\left\{\left[t\frac{T}{2\pi k}\sin\left(\frac{2\pi k}{T}\right)\right]_0^T - \int_0^T \frac{T}{2\pi k}\sin\left(\frac{2\pi k}{T}\right) dt\right\} = 0$$

$$b_k = \frac{2}{T}\int_0^T \frac{t}{T} \sin\left(\frac{2\pi k}{T}\right) dt$$
$$= \frac{2}{T^2}\left\{\left[-t\frac{T}{2\pi k}\cos\left(\frac{2\pi k}{T}\right)\right]_0^T + \int_0^T \cos\left(\frac{2\pi k}{T}\right) dt\right\}$$
$$= -\frac{2}{T^2}\left(\frac{T^2}{2\pi k} - 0\right) = -\frac{1}{\pi k}$$

以上より，のこぎり波のフーリエ級数は $x(t) = \frac{1}{2} - \frac{1}{\pi}\sum_{k=1}^{\infty} \frac{1}{k}\sin\left(\frac{2\pi k}{T} t\right)$ となる．矩

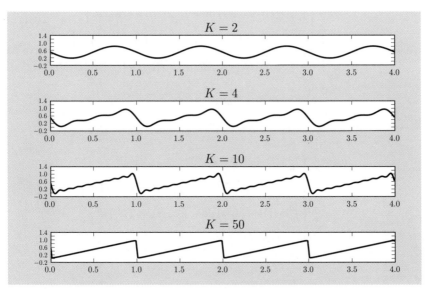

図 Ans.1 のこぎり波のフーリエ級数による近似の様子

形波の場合と同様に，フーリエ級数が収束する様子を示したのが図 Ans.1 である．ここでは，周期を $T=1$ に設定している．

2 式 (2.36), (2.37), (2.38) を $\|x\|^2 = \sum_{k=0}^{\infty}|\langle x,\phi_k\rangle|^2$ の右辺に代入することで，パーセヴァルの等式 I を得る．すなわち，右辺 $= |\langle x,\phi_0\rangle|^2 + \sum_{n=1}^{\infty}(|\langle x,\phi_{2k}\rangle|^2 + |\langle x,\phi_{2k-1}\rangle|) = \frac{1}{T}a_0^2 + \frac{2}{T}\sum_{k=i}^{\infty}(a_k^2 + b_k^2)$ であることと，式 (2.48) を用いればよい．

3 フーリエ級数 (2.1) の周期性から，$T=2L$ とすれば，フーリエ係数を求めるときの積分範囲 $[0, 2L]$ は $[-L, L]$ となる．従って，

$$\begin{aligned}
a_0 &= \tfrac{1}{L}\int_{-L}^{L} x(t)dt = \tfrac{1}{L}\left(\int_{-L}^{0} x(t)dt + \int_{0} x(t)dt\right) \\
&= \tfrac{1}{L}\left(\int_{L}^{0} x(-t)(-dt) + \int_{0} x(t)dt\right) \\
&= \tfrac{1}{L}\left(-\int_{0}^{L} x(t)dt + \int_{0} x(t)dt\right) = 0
\end{aligned}$$

ここで，変数変換 $t \to -t$, および奇関数の性質 $x(-t) = -x(t)$ を用いた．同様にして，

$$\begin{aligned}
a_k &= \tfrac{1}{L}\int_{-L}^{L} x(t)\cos\left(\tfrac{\pi k}{L}t\right)dt \\
&= \tfrac{1}{L}\left\{\int_{-L}^{0} x(t)\cos\left(\tfrac{\pi k}{L}t\right)dt + \int_{0}^{L} x(t)\cos\left(\tfrac{\pi k}{L}t\right)dt\right\} \\
&= \tfrac{1}{L}\left\{\int_{-L}^{0} x(-t)\cos\left(-\tfrac{\pi k}{L}t\right)dt + \int_{0}^{L} x(t)\cos\left(\tfrac{\pi k}{L}\right)dt\right\} \\
&= \tfrac{1}{L}\left\{-\int_{0}^{L} x(t)\cos\left(\tfrac{\pi k}{L}t\right)dt + \int_{0}^{L} x(t)\cos\left(\tfrac{\pi k}{L}\right)dt\right\} \\
&= 0
\end{aligned}$$

となる．さらに，

$$\begin{aligned}
b_k &= \tfrac{1}{L}\int_{-L}^{L} x(t)\sin\left(\tfrac{\pi k}{L}t\right)dt \\
&= \tfrac{1}{L}\left\{\int_{-L}^{0} x(t)\sin\left(\tfrac{\pi k}{L}t\right)dt + \int_{0}^{L} x(t)\sin\left(\tfrac{\pi k}{L}t\right)dt\right\} \\
&= \tfrac{1}{L}\left\{\int_{0}^{L} x(t)\sin\left(\tfrac{\pi k}{L}t\right)dt + \int_{0}^{L} x(t)\sin\left(\tfrac{\pi k}{L}\right)dt\right\} \\
&= \tfrac{2}{L}\int_{0}^{L} x(t)\sin\left(\tfrac{\pi k}{L}\right)dt
\end{aligned}$$

第3章

1 $X(\alpha x(t)+\beta y(t)) = \int_{-\infty}^{\infty}(\alpha x(t)+\beta y(t))\exp(-j\Omega t)dt = \alpha\int_{-\infty}^{\infty} x(t)\exp(-j\Omega t)dt + \beta\int_{-\infty}^{\infty} y(t)\exp(-j\Omega t)dt = \alpha X(\Omega) + \beta Y(\Omega)$. 逆変換も同様に示される.

2 $\tilde{t} = t - t_0$ とおけば, $dt = d\tilde{t}$ より, $\mathcal{F}[x(t-t_0)] = \int_{-\infty}^{\infty} x(\tilde{t})\exp(-j\Omega(t_0+\tilde{t}))d\tilde{t} = \exp(-j\Omega t_0)X(\Omega)$. 逆変換も同様に示される.

3 $\tilde{t} = \alpha t$ とすると, $dt = \frac{1}{\alpha}d\tilde{t}$ より, $\mathcal{F}[x(\alpha t)] = \frac{1}{\alpha}\int_{-\infty}^{\infty} x(\tilde{t})\exp(-j\frac{\Omega}{\alpha}\tilde{t})d\tilde{t} = \frac{1}{\alpha}X\left(\frac{\Omega}{\alpha}\right)$.

4 $\mathcal{F}[\overline{x(t)}] = \overline{\int_{-\infty}^{\infty} x(t)\exp(-j(-\Omega)t)dt} = \overline{X(-\Omega)}$

5 $\tilde{t} = t - \tau$ とおけば, $\mathcal{F}[x*y(t)] = \int_{-\infty}^{\infty}[\int_{-\infty}^{\infty} x(\tau)y(t-\tau)d\tau]\exp(-j\Omega(t-\tau+\tau))dt = \int_{-\infty}^{\infty} x(\tau)\exp(-j\Omega\tau)d\tau\int_{-\infty}^{\infty} y(\tilde{t})\exp(-j\Omega\tilde{t})d\tilde{t} = X(\Omega)Y(\Omega)$. 逆変換も同様に示される.

6 部分積分を適用することで, $\mathcal{F}\left[\frac{d^n}{dt^n}\right]x(t) = \left[\exp(-j\Omega t)\frac{d^{n-1}}{dt^{n-1}}x(t)\right]_{-\infty}^{\infty} - \int_{-\infty}^{\infty}(-j\Omega)\exp(-j\Omega t)\frac{d^{n-1}}{dt^{n-1}}x(t)dt$ となる. $t \in \mathbb{R}$ で n 階微分可能な $x(t)$ は, $\lim_{t\to\pm\infty}\frac{d^n}{dt^n}x(t) = 0$ なる性質を持つ(証明は省略). このため, $\mathcal{F}\left[\frac{d^n}{dt^n}\right]x(t) = j\Omega\mathcal{F}\left[\frac{d^{n-1}}{dt^{n-1}}\right]x(t)$ であり, さらに部分積分を繰り返し適用することで式 (3.19) が成立する. 逆変換も同様に示される.

7 $2\pi\int_{-\infty}^{\infty} X(\Omega)\overline{Y(\Omega)}d\Omega = 2\pi\int_{-\infty}^{\infty}\int_{-\infty}^{\infty} x(t)\exp(-j\Omega t)dt\overline{Y(\Omega)}d\Omega = 2\pi\int_{-\infty}^{\infty} x(t)\int_{-\infty}^{\infty}\overline{Y(\Omega)\exp(j\Omega t)}d\Omega dt = \int_{-\infty}^{\infty} x(t)\overline{y(t)}dt$

8 $\mathcal{F}[\mathbf{1}_T(t)] = \int_{-\infty}^{\infty}\mathbf{1}_T(t)\exp(-j\Omega t)dt = \int_{-T}^{+T}\exp(-j\Omega t)dt = -\frac{1}{j\Omega}[\exp(-j\Omega t)]_{-T}^{T} = -\frac{1}{j\Omega}(\exp(-j\Omega T) - \exp(j\Omega T))$. オイラーの公式より, 式 (3.24) が得られる. 式 (3.26) も同様の導出により示される.

式 (3.28) を示すために, まず, ガウス積分の公式 $\int_{-\infty}^{\infty}\exp(-t^2)dt = \sqrt{\pi}$ を示そう. 左辺の 2 乗は, $(\int_{-\infty}^{\infty}\exp(-t^2)dt)^2 = \int_{-\infty}^{\infty}\int_{-\infty}^{\infty}\exp(-(t^2+\tau^2))dtd\tau$ ここで, (t,τ) の 2 次元平面を極座標表示し, $t = r\cos\theta$, $\tau = r\sin\theta$, $(r = \sqrt{t^2+\tau^2}$, $\theta = \arctan2(\frac{t}{\tau}))$ とすれば, ヤコビ行列式は, $\begin{vmatrix}\cos\theta & -r\sin\theta \\ \sin\theta & r\cos\theta\end{vmatrix} = \frac{1}{r}$ となり, 左辺は, $\int_0^{2\pi}\int_0^{\infty} r\exp(-r^2)drd\theta = 2\pi\int_0^{\infty} r\exp(-r^2)dr = -\pi[\exp(-r^2)]_0^{\infty}dr = \pi$ となる. 符号を考慮すればガウスの積分公式が得られる.

次にガウス関数と微分方程式の関係を示そう. 微分方程式 $\frac{d}{dt}x(t) - 2atx(t) = 0$ の

解は，$x(t) = C\exp(-at^2)$ である．C は任意の定数である．

微分の逆フーリエ変換の性質 (3.28) を用いると，$\frac{d}{d\Omega}\mathcal{F}[\exp(-t^2)](\Omega) = \mathcal{F}[(-jt)\exp(-t^2)]$ が得られる．部分積分を利用して左辺を計算すると，$j\int_{-\infty}^{\infty}\left(-\frac{1}{2}\exp(-t^2)\right)'\exp(-j\Omega t)dt = -\frac{j}{2}[\exp(-t^2)\exp(-j\Omega t)]_{-\infty}^{\infty} + \frac{\Omega}{2}\int_{-\infty}^{\infty}\exp(-t^2)\exp(-j\Omega t)dt$ となり，第 1 項は 0 となるため，$\frac{d}{d\Omega}\mathcal{F}[\exp(-t^2)](\Omega) = \frac{\Omega}{2}\mathcal{F}[\exp(-t^2)](\Omega)$ が得られる．この微分方程式の解は，$X(\Omega) = C\exp(-\frac{\Omega}{4})$ である．ガウス積分より，$X(0) = \int_{-\infty}^{\infty}\exp(-t^2)\exp(-j0t)dt = \sqrt{\pi}$ が得られ，$C = \sqrt{\pi}$ となる．

第 4 章

1 定義通り計算すればよい．

(1) $X(e^{j\omega}) = 1 - \exp(-j\omega) + \exp(-j2\omega) - \exp(-j3\omega)$. このままでもよいが，オイラーの公式 $\exp(j\theta) - \exp(-j\theta) = j2\sin\theta$ を用いると，$X(e^{j\omega}) = \exp\left(-j\frac{3}{2}\omega\right)\left[\{\exp\left(j\frac{3}{2}\omega\right) - \exp\left(-j\frac{3}{2}\omega\right)\} - \{\exp\left(j\frac{1}{2}\omega\right) - \exp\left(-j\frac{1}{2}\omega\right)\}\right]$
$= \exp\left(-j\frac{3}{2}\omega\right)(j2)\left(\sin\frac{3}{2}\omega - \sin\frac{1}{2}\omega\right)$ と極座標表示が可能である．

(2) $X(e^{j\omega}) = \sum_{n=0}^{\infty}r^n\exp(j\omega n) = \sum_{n=0}^{\infty}(r\exp(j\omega))^n = \frac{1}{1-r\exp(j\omega)}$ である．最後の等式は，$|r\exp(j\omega)| = |r||\exp(j\omega)| = |r| < 1$ より等比級数の和が収束するため成り立つ．

2 離散時間フーリエ変換の性質を利用する．

(1) $-1 = \exp(j\pi)$ であることから，$(-1)^n x[n] = \exp(j\pi n)x[n]$ であり，周波数シフトの性質より $X(e^{j(\omega-\pi)})$ である．

(2) $\sin(\alpha n) = \frac{1}{j2}\{\exp(j\alpha n) - \exp(-j\alpha n)\}$ なので，$\sin(\alpha n)x[n] = \frac{1}{j2}\{\exp(j\alpha n)x[n] - \exp(-j\alpha n)x[n]\}$ である．従って，線形性より $\frac{1}{j2}\left(X(e^{j(\omega-\alpha)}) - X(e^{j(\omega+\alpha)})\right)$ を得る．

第 5 章

1 (1) Nf が整数で $Nf = m$ ならば，$X_1[m] = \sum_{n=0}^{N-1}\exp\left(j2\pi fn\right)W_N^{-mn} = \sum_{n=0}^{N-1}\exp\left(j2\pi\frac{Nf-m}{N}n\right) = \sum_{n=0}^{N-1}1 = N$ となり，そうでなければ，$X_1[m] = \sum_{n=0}^{N-1}\exp\left(j2\pi fn\right)W_N^{-mn} = \sum_{n=0}^{N-1}\exp\left(j2\pi\left(f-\frac{m}{N}\right)n\right) = \frac{1-\exp\left(j2\pi\left(f-\frac{m}{N}\right)N\right)}{1-\exp\left(j2\pi\left(f-\frac{m}{N}\right)\right)}$.
$\exp(-j2\pi m) = 1$ であるので，まとめれば $X_1[m] = \begin{cases} N & (m = Nf) \\ \frac{1-\exp(j2\pi Nf)}{1-\exp\left(j2\pi\left(f-\frac{m}{N}\right)\right)} & (\text{それ以外}) \end{cases}$

を得る.

(2) (1)で, $f = \frac{k}{N}$ とすればよい. まとめれば, $X_2[m] = \begin{cases} N & (m = k) \\ 0 & (\text{それ以外}) \end{cases}$ を得る.

(3) $\cos\left(2\pi\frac{k}{N}n\right) = \frac{1}{2}\left[\exp\left(j2\pi\frac{k}{N}n\right) + \exp\left(-j2\pi\frac{k}{N}n\right)\right]$ であり, DFT は線形な変換であるから, (2) の結果より $X_3[m] = \begin{cases} \frac{N}{2} & (m = k \text{ or } m = N - k) \\ 0 & (\text{それ以外}) \end{cases}$ を得る.

(4) $\sin\left(2\pi\frac{k}{N}n\right) = j\frac{1}{2}\left(-\exp\left(j2\pi\frac{k}{N}n\right) + \exp\left(-j2\pi\frac{k}{N}n\right)\right)$
$X_3[m] = \begin{cases} -j\frac{N}{2} & (m = k) \\ j\frac{N}{2} & (m = N - k) \\ 0 & (\text{それ以外}) \end{cases}$

(5) DFT は線形変換で, (2) に $\exp(j\theta)$ がかかっているだけであるから, $X_5[m] = \begin{cases} N\exp(j\theta) & (m = k) \\ 0 & (\text{それ以外}) \end{cases}$.

(6) (5) より, $X_6[m] = \begin{cases} \frac{N}{2}\exp(j\theta) & (m = k) \\ \frac{N}{2}\exp(-j\theta) & (m = N - k) \\ 0 & (\text{それ以外}) \end{cases}$ が成立する.

(7) $X_7[m] = \sum_{n=0}^{N-1}\delta[n]W_N^{-mn} = W_N^0 = 1$

(8) $X_8[m] = \sum_{n=0}^{N-1}x_7[n]W_N^{-mn} = \sum_{n=0}^{l}\exp\left(-j2\pi\frac{m}{N}n\right) = \frac{1-\exp\left(-2j\pi\frac{m}{N}(l+1)\right)}{1-\exp\left(-j2\pi\frac{m}{N}\right)}$

(9) m を $0 < m < N$ を満たす実数と考えれば, $\sum_{n=0}^{N-1}\exp\left(-j2\pi\frac{m}{N}n\right) = \frac{1-\exp(-j2\pi m)}{1-\exp\left(-j2\pi\frac{m}{N}\right)}$ が成立する. 上式の両辺を m で微分して, $\sum_{n=0}^{N-1}\left(-j2\pi\frac{1}{N}n\right)\exp\left(-j2\pi\frac{m}{N}n\right) = \frac{-j2\pi\exp(-2j\pi m)}{1-\exp\left(-2j\pi\frac{m}{N}\right)} - \frac{(1-\exp(-j2\pi m))\left(-j2\pi\frac{1}{N}\exp\left(-j2\pi\frac{m}{N}\right)\right)}{\left(1-\exp\left(-j2\pi\frac{m}{N}\right)\right)^2}$ となるので, m を整数に限れば, $X_9[n] = \frac{-j2\pi}{1-\exp\left(-j2\pi\frac{m}{N}\right)}$ が成立する. この方法以外にも, $\sum_{n=0}^{N-1}n\exp\left(-j2\pi\frac{m}{N}n\right) = \sum_{n=1}^{N-1}\sum_{l=n}^{N-1}\exp\left(-j2\pi\frac{m}{N}l\right)$ から計算することもできる.

2 (1) 分母に m を含む複素指数関数の項があるため, 直接逆離散フーリエ変換を計算することは難しい. 自明にはなるが, 和の形に戻して, $\exp\left(j2\pi\frac{n}{N}\right)$ の直交関係を使えば求めることができる.

(2) $\frac{1}{N}\sum_{m=0}X_2[m]W_N^{mn} = \exp\left(j2\pi\frac{k}{N}n\right)$

(3) $\frac{1}{N}\sum_{m=0}X_3[m]W_N^{mn} = \frac{N}{2N}\left(W_N^{kn} + W_N^{-kn}\right) = \cos\left(2\pi\frac{k}{N}n\right)$

(4) $\frac{1}{N}\sum_{m=0}X_4[m]W_N^{mn} = \frac{N}{2jN}\left(W_N^{kn} - W_N^{-kn}\right) = \sin\left(2\pi\frac{k}{N}n\right)$

(5) IDFT は線形変換で, (2) に $\exp(j\theta)$ がかかっているだけであるから明らかである.

(6) IDFT は線形変換であるから, (3) より明らかである.

(7) IDFT は線形変換であるから, (4) より明らかである.

(8) 和の形に戻して, $\exp\left(j2\pi\frac{m}{N}n\right)$ の m を変数としたときの直交関係を使えば明らか.

(9) 上同様に計算できる.

3 左から 2 番目の式で $p = n-k$ とおけば，$\sum_{k=0}^{N-1} x[k]h[n-k] = \sum_{p=n-N+1}^{-1} x[n-p]h[p] + \sum_{p=0}^{n} x[n-p]h[p]$．ここで，$x[n]$，$y[n]$ は周期関数であり，$x[n-p] = x[n-(p+N)]$，$h[p] = h[p+N]$ となるため，$q = p+N$ とおけば，$\sum_{p=n-N+1}^{-1} x[n-p]h[p] = \sum_{q=n+1}^{N-1} x[n-q]h[q]$ となり，$\sum_{q=n+1}^{N-1} x[n-p]h[p] + \sum_{p=0}^{n} x[n-p]h[p] = \sum_{k=0}^{N-1} x[n-k]h[k]$ が成立し，式 (5.31) が証明できる．

第 6 章

1 部分積分を用いると，$\mathcal{L}[x^{(k)}(t)] = \int_0^\infty [x^{(k-1)}(t)]' \exp(-st)dt = s\mathcal{L}[x^{(k-1)}(t)] - x^{(k-1)}$ が得られる．これを再帰的に適用すれば，式 (6.9) が得られる．

2 $g(t) = \int_0^t x(\tau)d\tau$，$G(s) = \mathcal{L}[g(t)]$ とおけば，$g(0) = 0$ と式 (6.9) より，$\mathcal{L}[g'(t)] = sG(s)$．一方，$g'(t) = x(t)$ より，$\mathcal{L}[g'(t)] = \mathcal{L}[x(t)] = X(s)$．この 2 式より，$G(s) = \frac{X(s)}{s}$ が得られる．

3 導関数のラプラス変換（式 (6.9)）より，$x(0) = sX(s) - \mathcal{L}[x'(t)]$．$\mathcal{L}[x'(t)]$ は収束すれば，$s \to +\infty$ で 0 となるため，式 (6.14) が得られる．

同様に式 (6.9) から，$\int_0^{+\infty} \frac{d}{dt}x(t)\exp(-st)dt = sX(s) - x(0)$ の両辺を $s \to 0$ とすれば，$\int_0^{+\infty} \frac{d}{dt}x(t)dt = \lim_{t \to +\infty} x(t) - x(0) = \lim_{s \to 0} sX(s) - x(0)$ より，式 (6.15) が得られる．

4 $\mathcal{L}[(x_1 * x_2)(t)] = \int_0^{+\infty} \int_0^{+\infty} x_1(\tau)x_2(t-\tau)d\tau \exp(-st)dt = \int_0^{+\infty} x_1(\tau) \underline{\int_0^{+\infty} x_2(t-\tau)\exp(-st)dt}d\tau$．下線部に式 (6.12) を適用し，$\mathcal{L}[(x_1 * x_2)(t)] = X_2(s)\int_0^{+\infty} x_1(\tau)\exp(-\tau s)d\tau = X_1(s)X_2(s)$ を得る．逆変換も同様に得られる．

5 各素子の電圧と電源の関係より，$u(t)\sin(\omega t) = Ri(t) + \frac{1}{C}\int_0^t i(t)dt$ が得られる．両辺をラプラス変換し，$C = \frac{1}{\alpha R}$ を代入し，整理すると，$I(s) = \frac{(\frac{\omega}{R})s}{(s^2+\omega^2)(s+\alpha)}$ が得られる．極は $s = \pm j\omega, -\alpha$ であり，部分分数展開を行うが，少し工夫して $I(s) = \frac{C_1\omega}{s^2+\omega^2} + \frac{C_2s}{s^2+\omega^2} + \frac{C_3}{s+\alpha}$ の形に分解する．この形に分解できれば，表 6.1 より，逆変換したときに第 1 項と第 2 項をそれぞれ $\sin(\omega t)$ と $\cos(\omega t)$ に変換できる．通分して，分子の s に関する恒等式 $\left(\frac{\omega}{R}\right)s = (C_1\omega + C_2s)(s+\alpha) + C_3(s^2+\omega^2)$ より，$C_1 = \frac{\omega^2}{\alpha R(1+\omega^2)}$，$C_2 = \frac{\omega}{R(1+\omega^2)}$，$C_3 = -\frac{\omega}{R(1+\omega^2)}$ を得る．逆変換より，$i(t) = A\sin(\omega t + \phi)u(t) + C_3\exp(-\alpha t)$，$A = \frac{\omega\sqrt{\omega^2+\alpha}}{\alpha R(1+\omega^2)}$，$\phi = \arctan2(C_2, C_1)$ が得られる．$v_R(t) = Ri(t)$，$v_C(t) = \frac{1}{C}\int_0^t i(t)dt$ より $v_R(t)$，$v_C(t)$ が求められる．

6 $\mathcal{L}[x_s(t)] = \int_0^{+\infty} \sin(\omega t)\exp(-st)dt$ 部分積分を用いると,$\mathcal{L}[x_s(t)] = -\frac{1}{\omega}[\cos(\omega t)\exp(-st)]_0^{+\infty} - \frac{s}{\omega}\int_0^{+\infty}\cos(\omega t)\exp(-st)dt$ となる.$\mathrm{Re}[s] > 0$ のとき,第1項は収束し,第2項にもう一度部分積分を用いると,$\mathcal{L}[x_s(t)] = \frac{1}{\omega} - \frac{s}{\omega}\left\{\frac{1}{\omega}[\sin(\omega t)\exp(-st)]_0^{+\infty} + \frac{s}{\omega}\int_0^{+\infty}\sin(\omega t)\exp(-st)dt\right\}$ が得られる.ここで,積分の部分が $\mathcal{L}[x_s(t)]$ であることに注意すると,$\left(1 + \frac{s^2}{\omega^2}\right)\mathcal{L}[x_s(t)] = \frac{1}{\omega}$ より,式 (6.28) が得られる.式 (6.29) も同様に得られる.

7 行列 $\boldsymbol{B}$ の特性方程式は,$\det(\boldsymbol{B} - \lambda \boldsymbol{I}) = 0$ である.この方程式の解 λ が行列 $\boldsymbol{B}$ の固有値となる.$\boldsymbol{B} - \lambda \boldsymbol{I} = \begin{bmatrix} -\lambda & 0 & \cdots & -b_0 \\ 1 & -\lambda & \cdots & -b_1 \\ & \ddots & \ddots & \vdots \\ 0 & & 1 & -\lambda - b_{n-1} \end{bmatrix}$ の1行目について余因子展開を行うと,$\det(\boldsymbol{B} - \lambda \boldsymbol{I}) = \sum_{i=1}^n (\boldsymbol{B} - \lambda\boldsymbol{I})_{[1,i]}\Delta_{1,i} = -\lambda \Delta_{1,1} - b_0\Delta_{1,n}$,$\Delta_{i,n} = (-1)^{i+n}\det((\boldsymbol{B} - \lambda\boldsymbol{I})_{\overline{[1,i]}})$ となる.ここで,$(\cdot)_{[i,j]}$ は,行列の (i,j) 要素,$(\cdot)_{\overline{[i,j]}}$ は,行列から i 行,j 列を取り除いた小行列を表す.ここで,$\Delta_{1,1} = \det\begin{pmatrix} -\lambda & 0 & \cdots & -b_1 \\ 1 & -\lambda & \cdots & -b_2 \\ & \ddots & \ddots & \vdots \\ 0 & & 1 & -\lambda - b_{n-1} \end{pmatrix}$ であり,$\boldsymbol{B} - \lambda \boldsymbol{I}$ と相似形で,行と列の大きさが1だけ小さい行列である.$\Delta_{1,n}$ は上三角行列であり,行列式は対角成分の積で ± 1 となる.同様の操作を繰り返すことで,$\det(\boldsymbol{B} - \lambda\boldsymbol{I}) = \pm(b_0 + b_1\lambda + b_2\lambda^2 + \cdots + b_{n-1}\lambda^{n-1} + \lambda^n)$ が得られる.

8 $X_s(z) = \sum_{n=0}^{+\infty} \sin(\omega n)z^{-n} = \sin(0)z^{-0} + \sum_{n=1}^{+\infty}\sin(\omega n)z^{-n}$ である.$n' = n-1$ として,加法定理を用いると,$X_s(z) = z^{-1}\sum_{n'=0}^{+\infty}\sin\omega\cos(\omega n')z^{-n'} + \cos\omega\sin(\omega n')z^{-n'}z^{-1}X_c(z)\sin\omega + z^{-1}X_s(z)\cos\omega$ が得られる.

同様に,$X_c(z) = \sum_{n=0}^{+\infty}\cos(\omega n)z^{-n}$ から $X_c(z) = 1 + z^{-1}\cos\omega X_c(z) - z^{-1}\sin\omega X_s(z)$ が得られる.この2式を整理すると,式 (6.89), (6.90) が得られる.

また,$\sin(\omega n) = \frac{\exp(j\omega n) - \exp(-j\omega n)}{2j}$ を用いることで,$X_s(z) = \frac{1}{2j}\sum_{n=0}^{+\infty}\exp(n(\log z + j\omega)) - \exp(n(\log z - j\omega))$ となる.ダランベールの収束判定より,$\lim_{n \to +\infty}\left|\frac{\exp((n+1)(\log z + j\omega))}{\exp(n(\log z + j\omega))}\right| = |z| < 1$ で収束する.

第7章

1 DFT の定義式より以下が成立する.

$$X_\mathrm{S}[m, l+1] = \sum_{n=0}^{N-1} x[n+l+1]W_N^{-mn} = \sum_{n=1}^{N} x[n+l]W_N^{-m(n-1)}$$

$$= \left(\sum_{n=1}^{N} x[n+l]W_N^{-mn}\right) W_N^m$$
$$= \left(\sum_{n=0}^{N-1} x[n+l]W_N^{-mn} - x[l] + x[l+N]W_N^{-mN}\right) W_N^m$$
$$= \{X_S[m,l] - x[l] + x[l+N]\} W_N^m$$

2 $w[n]x[n+l]$ を DFT すれば次式が成立し，証明できる．

$$\begin{aligned}
X_W[m,l] &= \sum_{n=0}^{N-1} w[n]x[n+l]W_N^{-mn} \\
&= \sum_{n=0}^{N-1} \left\{\sum_{p=0}^{P} \left(a_p W_N^{-pn} + \overline{a_p} W_N^{pn}\right)\right\} x[n+l]W_N^{-mn} \\
&= \sum_{p=0}^{P} \left\{a_p \sum_{n=0}^{N-1} x[n+l]W_N^{-(m+p)} + \overline{a_p}\sum_{n=0}^{N-1} x[n+l]W_N^{-(m-p)}\right\} \\
&= \sum_{p=0}^{P} \left(a_p X_S[m+p,l] + \overline{a_p} X_S[m-p,l]\right)
\end{aligned}$$

参考文献

[1] David G. Luenberger, *Optimization by Vector Space Methods*, John Wiley & Sons, 1997.
[2] 柴雅和, 理工系 複素関数論～多変数の微積分から複素解析へ～, サイエンス社, 2002.
[3] 矢嶋徹, 及川正行, KeyPoint & Seminor 工学基礎 複素関数論, サイエンス社, 2007.
[4] 木村英紀, フーリエ-ラプラス解析, 岩波書店, 2007.
[5] Stéphane Mallat, *A Wavelet Tour of Signal Processing: The Sparse Way*, Academic Press, 2009
[6] 山田功, 工学のための関数解析, 理数工学社, 2009.
[7] 新中新二, フーリエ級数・変換とラプラス変換～基礎から実践まで～, 数理工学社, 2010.
[8] 水本哲弥, フーリエ級数・変換/ラプラス変換, オーム社, 2010.
[9] 山下幸彦, 線形システム論（シリーズ〈新しい工学〉）, 朝倉書店, 2013.
[10] 畑上到, フーリエ解析とその応用 [新訂版], 数理工学社, 2014.
[11] David. L. Donoho, "De-noising by soft-thresholding," *IEEE Transactions on Information Theory*, Vol.**41**, No.**3**, pp.613–627, 1995.
[12] 山下幸彦, 画像符号化のための線形変換, 映像情報メディア学会誌, Vol. **67**, No. **2**, pp.131–135, 2013.

索　引

欧字

JPEG　　105
JPEG2000　　153

MP3　　147

あ行

位数　　162
位相スペクトラム　　48
位相成分　　36
位相特性　　66
1次遅れシステム　　121
1次フィルタ　　121
一般化フーリエ級数展開　　20
因果的線形時不変システム　　82
インディシャル応答　　121
インパルス応答　　65, 82, 98
インパルス関数　　52

ウィナー-ヒンチンの定理　　62
ウェーブレット関数　　150
ウェーブレット変換　　148
ヴォルテラ積分方程式　　124

s領域　　110
エネルギー有限関数　　46
エルミート多項式　　18

オイラーの公式　　9

オイラーの等式　　9

か行

ガウス関数　　52, 145
画像符号化　　105
加法定理　　2
完備性　　17

基底　　11
ギブス現象　　39
ギブズ現象　　61
逆修正離散コサイン変換　　146
逆畳み込み　　48
逆フーリエ変換　　47
逆離散ウェーブレット変換　　150
共役　　36
極座標表示　　75

矩形波　　29
矩形窓関数　　140
くし型関数　　55
グラム-シュミットの直交化　　19
クロック信号　　29

計量ベクトル空間　　15

高速フーリエ変換　　99
コーシー-シュワルツの不等式　　15, 145
コーシーの積分公式　　162
コーシーの積分定理　　159

索 引

コーシー-リーマンの関係式 156
固有値 13
固有ベクトル 13
固有方程式 13
孤立特異点 160
コンパクトサポート 59
コンボリューション 48

さ 行

サイドローブ 142
サポート 59
三角関数系 18
三角関数の合成 4
三角関数の直交性 27
三角関数の微分 5
三角関数の分解 4
サンプリング 76
サンプリング周期 76
サンプリング周波数 76
サンプリング定理 77

時間シフト 79
時間周波数解析 137
自己相関関数 62
システムの安定性 121
自然基底 11
時定数 121
周期関数 88
周期デルタ関数 55
修正離散コサイン変換 146
収束域 110
周波数シフト 80
巡回型 96
巡回畳み込み 95
巡回畳み込み公式 96
瞬時周波数 138
上限 60

所望特性 83
sinc 関数 51
振幅スペクトラム 48
振幅成分 36
振幅特性 66

スケーリング関数 149
ステップ応答 121

整関数 155
正規化角周波数 76
正規直交基底 12
正規直交系 17
正規直交性 34
正則 155
積和の公式 3
絶対可積分関数 46
z 変換 128
線形システム 95
線形時不変システム 65, 98
線形性 78
全波整流 31

相互相関関数 64

た 行

台 59
帯域制限 60
対称性 78
多重解像度解析 150
畳み込み 48, 81
畳み込み方程式 124
単位ステップ関数 116
短時間フーリエ変換 138

直交基底 12
直交行列 12

ディジタルフィルタ 82
テイラー展開 5
ディラックのデルタ関数 52
デコンボリューション 48
デューティ比 139
電気回路 41
伝達関数 66

特性関数 69
ド・モアブルの定理 10

な 行

内積 15
内積空間 15
内積の公理 15

2次遅れシステム 123
2次フィルタ 123
2乗可積分関数 46

ネイピア数 7
熱伝導方程式 42

濃度 21
ノルム 15
ノルムの公理 15

は 行

パーゼヴァルの等式 144, 145
パーセヴァルの公式 50
パーセヴァルの定理 20
パーセヴァルの等式 38
白色雑音 64
バタフライ演算 100
ハミング窓関数 141
パワースペクトラム 48

ビットプレーン 153
非定常信号 137
標準基底 11
標本化 76
ヒルベルト空間 18

フィルタ 82
フィルタ設計 83
フーリエ級数 26
フーリエ級数展開 18
フーリエ係数 27
フーリエ変換 47
不確定性原理 143
複素正弦波 33
複素平面 9
部分分数分解 118
フレドホルム積分方程式 124
プレヒルベルト空間 15
フロア関数 139
ブロック変換 104

ヘビサイド関数 116
変調 80

ま 行

マクローリン展開 5
マザーウェーブレット 148
窓関数 140

無限インパルス応答フィルタ 132

メインローブ 142
面積有限関数 46

モーメント 69

や 行

有限インパルス応答フィルタ　132
床関数　139
ユニタリ行列　12
ユニット関数　116

ら 行

ラプラス変換　110

リースの表現定理　57
リーマン-スティルチェス積分　158
離散ウェーブレット変換　149
離散コサイン変換　102
離散時間信号　21
離散時間フーリエ逆変換　73
離散時間フーリエ変換　72
離散信号　21
離散デルタ関数　97

離散フーリエ変換　13, 92
理想低域通過フィルタ　52
リプル　30
留数　160
留数定理　161

ルジャンドル多項式　18

連続ウェーブレット変換　148
連続時間信号　21
連続信号　21

ローパスフィルタ　83
ローラン展開　164

わ 行

和積の公式　3

著者略歴

山下　幸彦 (やました　ゆきひこ)
1983 年　東京工業大学工学部卒業
1985 年　東京工業大学大学院理工学研究科修士課程修了
現　在　東京工業大学環境・社会理工学院 准教授
　　　　博士（工学）
専門：パターン認識，画像処理，国際開発に役立つ情報システム
主要著書
線形システム論（シリーズ新しい工学）（朝倉書店，2013 年）

田中　聡久 (たなか　としひさ)
1997 年　東京工業大学工学部卒業
2002 年　東京工業大学大学院理工学研究科博士後期課程修了
現　在　東京農工大学大学院工学研究院 准教授
　　　　博士（工学）
専門：信号処理工学，生体医工学
主要著書
書き込み式 工学系の微分方程式入門（コロナ社，2014 年）

鷲沢　嘉一 (わしざわ　よしかず)
2002 年　名古屋工業大学工学部卒業
2008 年　東京工業大学大学院理工学研究科博士後期課程修了
現　在　電気通信大学大学院情報理工学研究科 准教授
　　　　博士（工学）
専門：生体信号処理，パターン識別

工学のための数学＝EKM-8
工学のための フーリエ解析
2016年10月10日 ⓒ　　　　　　　　　　初 版 発 行

著　者　山下幸彦　　　　発行者　矢沢和俊
　　　　田中聡久　　　　印刷者　杉井康之
　　　　鷲沢嘉一　　　　製本者　米良孝司

【発行】　　　株式会社　数理工学社
〒151–0051　東京都渋谷区千駄ヶ谷1丁目3番25号
編集 ☎(03)5474–8661(代)　　サイエンスビル

【発売】　　　株式会社　サイエンス社
〒151–0051　東京都渋谷区千駄ヶ谷1丁目3番25号
営業 ☎(03)5474–8500(代)　　振替 00170–7–2387
FAX ☎(03)5474–8900

印刷　ディグ　　　　　　　製本　ブックアート
《検印省略》
本書の内容を無断で複写複製することは，著作者および出版者の権利を侵害することがありますので，その場合にはあらかじめ小社あて許諾をお求め下さい．

ISBN978-4-86481-041-8
PRINTED IN JAPAN

サイエンス社・数理工学社の
ホームページのご案内
http://www.saiensu.co.jp
ご意見・ご要望は
suuri@saiensu.co.jp　まで．

━━━━━━ 工学のための数学 ━━━━━━

工学のための データサイエンス入門
間瀬・神保・鎌倉・金藤共著
2色刷・A5・上製・本体2300円

工学のための 関数解析
山田　功著　2色刷・A5・上製・本体2550円

工学のための フーリエ解析
山下・田中・鷲沢共著　2色刷・A5・上製・本体1900円

工学のための 離散数学
黒澤　馨著　2色刷・A5・上製・本体1850円

工学のための 最適化手法入門
天谷賢治著　2色刷・A5・上製・本体1600円

工学のための 数値計算
長谷川・吉田・細田共著　2色刷・A5・上製・本体2500円

化学工学のための数学
小川・黒田・吉川共著　A5・上製・本体2200円

建築計画・都市計画の数学
青木義次著　A5・上製・本体2700円

＊表示価格は全て税抜きです．

━━━━━ 発行・数理工学社／発売・サイエンス社 ━━━━━